浙东南突发性地质灾害防治丛书
浙江省地质灾害“整体智治”三年行动

浙东南突发性地质灾害防治
——地质队员驻县进乡工作指南

ZHE DONGNAN TUFAXING DIZHI ZAIHAI FANGZHI
——DIZHI DUIYUAN ZHUXIAN JINXIANG GONGZUO ZHINAN

浙江省第十一地质大队　编著

图书在版编目(CIP)数据

浙东南突发性地质灾害防治:地质队员驻县进乡工作指南/浙江省第十一地质大队编著.—武汉:中国地质大学出版社,2022.5
(浙东南突发性地质灾害防治丛书)
ISBN 978-7-5625-5218-5

Ⅰ.①浙…
Ⅱ.①浙…
Ⅲ.①地质灾害-灾害防治-浙江
Ⅳ.①P694

中国版本图书馆CIP数据核字(2021)第271091号

浙东南突发性地质灾害防治:
地质队员驻县进乡工作指南

浙江省第十一地质大队 **编著**

责任编辑:谢媛华　　选题策划:谢媛华　张瑞生　　责任校对:张咏梅

出版发行:中国地质大学出版社(武汉市洪山区鲁磨路388号)　邮政编码:430074
电　话:(027)67883511　传　真:(027)67883580　E-mail:cbb@cug.edu.cn
经　销:全国新华书店　http://cugp.cug.edu.cn

开本:787毫米×960毫米 1/16　字数:201千字　印张:10.25
版次:2022年5月第1版　印次:2022年5月第1次印刷
印刷:武汉中远印务有限公司

ISBN 978-7-5625-5218-5　定价:78.00元

如有印装质量问题请与印刷厂联系调换

“浙东南突发性地质灾害防治”丛书

指导委员会

主　任：吴　义

副主任：袁　波　叶泽富　夏克升　朱长进

委　员：叶康生　傅正园　徐良明　郑　晨　许方党
王一鸣　秦海燕

编写委员会

吴　义　袁　波　叶泽富　傅正园　徐良明　郑　晨
许方党　张玉中　胡志生　赵红新　徐厚倜　王一鸣
秦海燕　史俊龙　张育志　刘　冬　洪　伟　张文平
邢如飞　董海龙　王亚锋　胥　磊　裘碧波　李相慧
艾　密

序

浙东南地区位于我国东南沿海，山多地少，人口密集，每年4—10月台汛期常受暴雨侵袭，崩塌、滑坡、泥石流等地质灾害时有发生，且地质灾害具有多发性、突发性、群发性、隐蔽性等特征，给山区人民群众的生命财产安全带来了极大的威胁。在习近平新时代中国特色社会主义思想指引下，浙江地勘人深入践行以人民为中心的发展思想，在地质灾害防治的实践中，从“地质成果进乡村”和“地质灾害防治专家进村驻点”的“两进行动”发展到地质队员驻县进乡行动，得到了浙江省委、省政府的高度重视并在全省进行推广，地质灾害防治成果富有成效。

我于2019年10月与浙江省第十一地质大队的同志一道奔赴浙闽交界的泰顺县龟湖村进行驻县进乡工作实践，2020年5月参加了温州市自然资源和规划局与浙江省第十一地质大队组织的汛期地质灾害防治演练，亲身感受到了开展地质队员驻县进乡行动对地方政府做好地质灾害防治工作起到的技术支撑作用，深刻感受到这项工作对于保护人民群众生命财产安全的重要性。

本书是浙江省第十一地质大队在浙东南地区开展地质队员驻县进乡行动的实践成果，包括驻县进乡组织框架体系、技术要求、驻县进乡案例和工作成果，对地勘单位开展地质队员驻县进乡行动、做好地质灾害防治工作具有应用指导和参考价值。

中国科学院院士

2022年3月30日

前　言

浙东南地处我国东南沿海，山多地少，中、低山和丘陵区约占全境的80%，平原区约占20%，人地矛盾十分突出，台汛期常受台风暴雨袭击，突发性地质灾害频发，对人民群众的生命财产安全造成了重大威胁。

几十年来，浙江省第十一地质大队的地质人踏遍雁山瓯水，开展地质灾害调查、评估、勘查、设计与治理工作，仅2017—2019年"除险安居"三年行动中完成的地质灾害防治勘查设计就有518项。

党的十八大以来，以习近平同志为核心的党中央始终坚持以人民为中心的发展思想，在防灾减灾救灾工作中，强调坚持以防为主，防抗救相结合，努力实现从注重灾后救助向注重灾前预防转变，从减少灾害损失向减轻灾害风险转变，全面提高全社会抵御自然灾害的综合防范能力。

2019年，以张金根局长为首的浙江省地质勘查局党委在"不忘初心，牢记使命"主题教育活动中，推出"两进行动"，即"地质灾害防治专家进村驻点"和"地质成果进乡村"行动，开始实施地质灾害防治专家进村驻点工作。该工作得到了浙江省委、省人民政府的高度赞扬。2020年8月，浙江省自然资源厅下发《浙江省地质灾害防治千名地质队员驻县进乡行动方案》，按照"平时服务、急时应急、战时应战"的要求开展地质队员驻县进乡行动。

笔者于2015年、2016年、2019年接连参与了丽水里东"11·13"山体滑坡、遂昌苏村"9·28"山体滑坡和永嘉县山早"8·10"特大自然灾害救援行动。惨不忍睹、触目惊心的灾害现场和沉甸甸的数字，让笔者对地质灾害的危害有了更多的切身感受，也因此对地质灾害防治工作有了更多的思考，即怎样减少地质灾害的发生？怎样减轻地质灾害造成的损失？作为一名基层地勘单位负责人，就是要坚决贯彻执行好省自然资源厅、省地质勘查局决策部署，做好地质灾害防治的"最后一公里"工作。一是强化驻县进乡组织体系建设和应急响应体系建设；二是制订驻县进乡工作制度和工作要求；三是加强地质队员的能力建设，包括加强学习培训，如通过对地质灾害“除险安居”三年行动的总结，编写出版《浙东南突发性地质灾害防治》一书，该书于2021年7月1日在“学习强国”平台上推送；四是做好地质灾害防治的宣传科普工作，如2020年7月9日，笔者受邀作客浙江卫视《今日评说》栏目，介绍地质灾害隐患综合治理“除险安居”三年行动成果和地质灾害防治宣传科普工作。

近年来，浙江省第十一地质大队持续开展地质队员驻县进乡行动，仅2021年就组织150名地质队员，驻点9个县(市、区)，开展巡查排查2236次、1418处，指导地方政府转移群众2597人次。驻县进乡行动得到了当地政府表彰和人民群众的赞扬，成为了地勘人的一张“金名片”。

本书策划编写过程中得到了浙江省自然资源厅地质勘查处处长孙乐玲和中国地质大学(武汉)教授徐光黎的悉心指导；采用了浙江省自然资源厅、浙江省地质勘查局发布的地质灾害防治驻县进乡相关文件和技术工作要求，参考了相关学会(协会)的有关资料；驻县进乡行动得到了温州市及各县(市、区)自然资源系统的支持和帮助；得到了蒋建良、龚新法、尚岳全、赵建康、吕永进等专家的指导和帮助；凝聚了浙江省第十一地质大队几代地质灾害防治工作者的心血，是浙江省第十一地质大队集体的成果和结晶，对所有为地质队员驻县进乡行动付出辛勤劳动并给予关心指导和帮助的同志致以衷心的感谢！本书由吴义组织策划，在大队编委会指导下由吴义、傅正园、徐良明、张玉中、胡志生、徐厚倜、赵红新、张育志等进行集体讨论，编写分工如下：第一章、第二章由徐厚倜、吴义编写；第三章由傅正园、赵红新编写；第四章由赵红新编写；第五章、第六章由张玉中、胡志生编写。洪永刚、汪发祥、史俊龙、张育志、刘冬、洪伟、张文平、邢如飞、董海龙、王亚锋、胥磊、裘碧波、李相慧、艾密等参与了部分图文资料的收集整理工作。

尽管我们在撰写本书过程中付出了很大的努力，但由于对浙东南地区地质灾害复杂性的认知局限以及地质队员对驻县进乡工作实践的认识不足，加之编者水平有限，书中难免有疏漏之处，恳请读者批评指正。

吴义
2022年3月21日

目　录

新时代地质灾害防治的背景

第一节 新时代地质灾害防治的主要思想

党的十八大以来，以习近平同志为核心的党中央始终坚持以人民为中心的发展思想，在总结历史经验的基础上，着眼中国特色防灾减灾救灾工作新实践，提出了一系列重要指示。

2015 年 5 月 31 日，习近平总书记在中共中央政治局集体学习时强调，我国是世界上自然灾害最严重的国家之一，防灾减灾救灾是一项长期任务。要坚持以防为主、防抗救相结合的方针，坚持常态减灾和非常态救灾相统一，努力实现从注重灾害救助向注重灾害前预防转变，从应对单一灾种向综合减灾转变，从减少灾害损失向减轻灾害风险转变，全面提高全社会抵御自然灾害的综合防范能力；要落实责任、完善体系、整合资源、统筹力量，从根本上提高防灾减灾救灾工作制度化、规范化和现代化水平。

2016 年 7 月 28 日，习近平总书记在河北唐山市考察时指出，同自然灾害抗争是人类生存发展的永恒课题，要更加自觉地处理好人和自然的关系，正确处理防灾减灾救灾和经济社会发展的关系，不断从抵御各种自然灾害的实践中总结经验、落实责任、完善体系、整合资源、统筹力量，提高全民防灾抗灾意识，全面提高国家综合防灾减灾救灾能力。

防灾减灾救灾事关人民生命财产安全，事关社会和谐稳定，是衡量执政党领导力、检验政府执行力、评判国家动员力、体现民族凝聚力的一个重要方面。当前和今后一个时期，要着力从加强组织领导、健全体制、完善法律法规、推进重大防灾减灾工程建设、加强灾害监测预警和风险防范能力建设、提高城市建筑和基础建设抗灾能力、提高农村住房设防水平和抗灾能力、加大灾害管理培训力度、建立防灾减灾救灾宣传教育长效机制、引导社会力量有序参与等方面进行努力。

2017 年 10 月 18 日，习近平总书记在党的十九大报告中指出，人与自然是生命共同体，人类必须尊重自然、顺应自然、保护自然。人类只有尊重自然规律才能有效防止在开发利用自然资源上少走弯路，人类对大自然的伤害最终会伤及人类自身，这是无法抗拒的规律。

2018 年 5 月 12 日，习近平总书记向汶川地震 10 周年国际研讨会暨第四届大陆地震国际研讨会致信强调，人类对自然规律的认知没有止境，防灾减灾、抗灾救灾是人类生存发展的永恒课题。科学认识致灾规律，有效减轻灾害风险，实现人与自然和谐共处，需要国际社会共同努力。中国将坚持以人民为中心的发展理念，坚持以防为主、防灾抗灾救灾相结合，全面提升综合防灾能力，为人民生命财产安全提供坚实保障。

2020 年，面对我国多地暴雨明显增多、洪涝地质灾害频发的严峻形势，习近平总书记连续两次做出重要指示，要求各地区和有关部门要坚持人民至上、生命至上，要求各级党委和政府要压实责任、勇于担当，各级领导干部要深入一线、靠前指挥，组织广大干部群众采取更加有力有效的措施，切实做好监测预警、堤库排查、应急处置、受灾群众安置等各项工作，全力抢险救援，尽最大努力保障人民群众生命财产安全。

第二节　自然资源部地质灾害防治部署

2019 年，《自然资源部办公厅关于做好 2019 年地质灾害防治工作的通知》(自然资办函〔2019〕547 号)指出：要充分认识地质灾害防治工作的极端重要性，全力推动地质灾害防治工作，加快推进地质灾害防治重点工程，不断完善地质灾害防治体系。

2020 年，《自然资源部关于做好 2020 年地质灾害防治工作的通知》(自然资发〔2020〕62 号)指出，要高度重视、严格落实地质灾害防治政治责任；要聚焦重点任务，加强防灾减灾能力建设；同时要全面总结“十三五”，认真谋划“十四五”，科学分析“十四五”及未来一段时期地质灾害的发展趋势，研判本地区地质灾害主要风险领域。针对防治工作中的突出问题，以全面提升防灾减灾救灾能力为总目标，对地质灾害防治各项工作和具体任务做出全面部署。

2020 年 4 月 3 日，自然资源部部长陆昊在全国汛期地质灾害防治视频会议中强调，要高度重视地质灾害隐患排查的重要基础工作，准确判断“隐患在哪里”；全面开展 1∶5 万地质灾害调查，在人口密集区等重点区域开展 1∶1 万地质灾害调查，摸清重要地质灾害隐患的构造和可能影响范围，准确判断地质灾害风险。

2021 年《自然资源部关于做好 2021 年地质灾害防治工作的通知》（自然资发〔2021〕44 号）指出，要切实提高政治站位和思想认识，认真学习、贯彻落实好习近平总书记防灾减灾救灾一系列重要指示批示精神，坚持以人民为中心的发展思想，坚持人民至上、生命至上，坚持把确保人民群众生命财产安全放在首位，严格落实各级主体责任，狠抓隐患排查，强化监测预警，落实应急预案，既守土有责、守土负责、守土尽责，又防灾有方、治灾有法、救灾有略。

地质灾害防治工作直接关系着人民群众的生命财产安全，是一项复杂的系统工程，要聚焦防灾减灾关键领域、关键问题、关键环节和重点地区、重点隐患、重点时段，持续精准发力，推进各项任务落实。一是加强隐患识别，突出解决“隐患在哪里”问题。二是加快风险评价，推动“隐患点＋风险区双控”。结合新一轮区域性 1∶5 万地质灾害详细调查和人口聚集或风险较大的重点区域 1∶1 万大比例尺高精度调查评价及风险区划工作，加强地质结构分析和致灾机理研究，把那些目前没有变形迹象但具有成灾风险的地区，划分为不同程度的风险地区管控起来，既要管住已有隐患点，又要管住风险区，推进防控方式由“隐患点防控”逐步向“隐患点＋风险区双控”转变，探索总结双控管理制度、责任体系和技术方法。三是人防、技防并重，提高“什么时候发生”的预警能力。要进一步落实群测群防体系，加强群测群防员遴选、补齐、培训和激励，落实专业队伍驻守制度，提高技术支撑服务力度。加大详细调查和勘查工作力度，查明隐患点“结构是什么”及威胁对象，并合理选定安装点位，继续推广应用普适型监测预警设备。四是加强综合治理，提升防御工程标准。以最大限度减少受灾害威胁人员为目标，提高重点地区和重点部位防御工程标准，科学设计防范措施，根据轻重缓急原则，集中必要财力实施工程治理或排危除险，特别是要加大力度开展人口聚集区的工程治理与避险移民搬迁。

2021 年我国地质灾害防治形势仍然严峻，总体趋势接近往常年份，局部地区可能加重。特别是华东地区的南部、中南地区的西部和东部、西南地区的中南部和东北部、西南地区的中南部和东北部、西北地区的东南部和西北局部，在汛期或受较强地震影响期间，地质灾害将呈高发态势。

2021年是全面建设社会主义现代化国家新征程、向第二个百年奋斗目标进军的开局之年，守住安全底线意义重大。各地要以习近平新时代中国特色社会主义思想为指导，坚持以人民为中心的发展思想，坚持人民至上、生命至上，统筹发展和安全，落实各项责任，细化工作部署，不断提升地质灾害防治工作服务经济社会高质量发展的能力和水平，有效化解重大地质灾害风险，切实保障人民生命财产安全。

第三节　浙江省地质灾害防治工作部署

一、“除险安居”三年行动

2017年3月1日，浙江省人民政府召开全省地质灾害隐患综合治理工作视频会议，部署开展“除险安居”三年行动。会议强调，各地各有关部门要深入贯彻落实省委、省人民政府的决策部署，把地质灾害隐患综合治理工作摆在更重要的位置，积极减灾、主动防灾，落实责任、加强投入，广泛动员群众主动参与搬迁安置和工程治理，形成合力，确保地质灾害防治工作早日落地见效。

会议强调，针对地质灾害危险区内的群众，要坚持应搬尽搬、搬治结合，从根子上消除隐患；要坚决实施避让搬迁，绝不允许搞变通，宁可十防九空，不能万一失防，同时加强对原有危险区域的治理，彻底消除隐患；结合新型城镇化、美丽乡村建设等，集成各种政策，鼓励引导搬迁群众到县城、中心镇发展，积极推行公寓式安置、货币化补助安置、公租房安置等，满足群众多样化需求；对治理技术可行、经济合理、风险可控的隐患点，分类治理到位。

会议明确，要坚持点面结合、统筹兼顾，确保地质灾害隐患治理全面高效；既要做好重点地区、重点时段、重点人群防治工作，又要统筹推进各类隐患点治理，确保隐患治理无盲区、无死角；在编制各类规划、实施重大建设工程项目时，要充分考虑地质灾害防治要求，从源头上杜绝人为诱发地质灾害；要坚持夯实基础、补齐短板，建好防灾减灾长效机制；积极完善地质灾害防控体系建设，加强动态监测预警，强化避灾场所规范化建设管理，加强群众基本生活保障措施。

1. 浙江省地质灾害防治基本情况

浙江是全国地质灾害易发多发省份之一，截至2017年4月20日，全省有地质灾害隐患点5322处，15万人的生命财产安全受到威胁，其中直接威胁30人以上的重大地质灾害隐患点有967处。近年来，受极端天气影响，全省地质灾害呈高发频发态势，地质灾害已成为浙江省当前威胁山区农村公共安全的首要问题。

浙江省委、省人民政府高度重视地质灾害防治工作。2009年11月在全国率先出台了《浙江省地质灾害防治条例》，构建了地质灾害防治规划体系，逐步形成了“地方负责、部门联动、专业指导、全民参与、群测群防”的地质灾害防治工作机制，全省有29个县(市、区)建成全国地质灾害防治高标准“十有县”，地质灾害防御能力持续提升。浙江省国土资源厅扎实做好调查评价、监测预警、应急处置、避让搬迁和综合治理等工作。“十二五”期间，全省成功避让地质灾害139起，避免了1405人的伤亡；与“十一五”相比，灾害发生数量增加了一倍多，经济损失增加了30%，但死亡和受伤人数各减少26人。2016年全省成功避让地质灾害19起，避免伤亡206人，死亡和失踪人数比前一年下降17%。

2.“除险安居”三年行动情况

为进一步加强地质灾害防治工作，浙江省委、省人民政府于2017年启动地质灾害隐患综合治理“除险安居”三年行动，加快推进地质灾害避让搬迁和工程治理，切实保障人民群众生命财产安全，并将基本消除1000处地质灾害隐患点列为2017年省人民政府十方面为民实事之一。2017年3月1日，浙江省人民政府召开全省地质灾害隐患综合治理工作会议，省长车俊出席会议并对这项工作进行了动员部署。

“除险安居”三年行动的目标任务：按照“积极防灾、科学减灾、主动避灾、避让搬迁为主，搬迁和治理相结合”的思路和要求，通过避让搬迁和工程治理，到2017年底，全省减少地质灾害隐患点1000处以上，其中完成重大隐患避让搬迁和工程治理项目350个以上，减少受威胁群众3万人以上，新建改建扩建地质灾害避灾安置点1550个。

到2019年底，全省共完成地质灾害隐患综合治理项目3996个，减少隐患数量5664处，减少受威胁人数14.48万人，率先在全国实现已发现地质灾害隐患点基本消除的目标。

二、“整体智治”三年行动

2020年8月,《浙江省人民政府办公厅关于印发浙江省地质灾害“整体智治”三年行动方案(2020—2022年)的通知》(浙政办发〔2020〕43号)发布,为巩固地质灾害隐患综合治理“除险安居”三年行动成果,提升“整体智治”水平,提出了浙江省地质灾害“整体智治”三年行动实施方案。

1. 总体要求

以习近平新时代中国特色社会主义思想为指导,深入贯彻落实习近平总书记关于防灾减灾工作系列重要论述精神,坚持人民至上、生命至上,紧紧围绕“不死人、少伤人、少损失”的总目标,更好地运用云计算、大数据、物联网、人工智能等现代科学技术,建立“一图一网、一单一码,科学防控、整体智治”的地质灾害风险管控新机制,构建分区分类分级的地质灾害风险管理新体系,形成“即时感知、科学决策、精准服务、高效运行、智能监管”的地质灾害防治新格局,努力实现地质灾害防治从单部门应对单一灾种向多部门联动应对灾害链转变,从人防为主向人防、技防并重转变,从隐患点管理向风险防控转变,着力提升地质灾害“整体智治”能力,确保人民群众生命财产安全,为“重要窗口”(努力成为新时代全面展示中国特色社会主义制度优越性的重要窗口)建设营造安全稳定的社会环境。

2. 主要目标

围绕地质灾害风险识别能力、监测能力、预警能力、防范能力、治理能力、管理能力六大能力建设,强化关键环节补短板,有针对性地进行分类施策,整体提升地质灾害综合防治能力。

(1)全面摸清风险隐患家底,提升识别能力。按照“空天地、一体化”的要求,综合运用高分卫星、无人机、合成孔径雷达、机载激光雷达、手持地质灾害野外调查数据采集系统等多种新技术手段开展地质灾害风险调查。加强定期专业调查与日常排查巡查工作的有机衔接,及时更新风险调查成果,加强地质灾害发生发育规律研究,全面摸清地质灾害风险隐患。

(2)动态掌握风险变化情况,提升监测能力。按照“专群结合、全面覆盖”的要求,大力研发和推广运行可靠、功能简约、精度适当、经济实用的普适性专业化监测设备。继续加强地质灾害群测群防员队伍建设,努力打造一支政治素质、专业素质、身体素质过硬的基层防灾队伍。

(3)及时发布风险管控清单，提升预警能力。建立基于多源数据驱动的地质灾害风险预测模型，实现省、市、县三级地质灾害风险预报系统统一底图、统一标准、统一模型、互联互通。牢牢抓住降雨引发地质灾害这一关键因素，科学确定、动态调整重点地区降雨量阈值，建立地质灾害气象风险预警系统，及时发布风险管控清单。

(4)强化科技支撑，提升防范能力。强化大数据、物联网、5G等技术在地质灾害防治中的应用，以地质灾害"风险码"为主线，构建集地质灾害监测、分析、预报、预警和应急服务于一体的信息化、智能化和可视化大数据管理平台，实现灾前、灾中、灾后全过程动态科学管理。

(5)加强源头管控，提升治理能力。按照"源头治理、综合施策"的要求，加大国土空间规划管控力度，切实规范农民建房、农业生产等活动。在确保安全的前提下，充分尊重群众意愿，将地质灾害治理工程与异地搬迁、土地整治、生态修复、美丽乡村建设等结合起来，从源头上控制或降低地质灾害风险。

(6)落实防治责任，提升管理能力。加强科研交流，组建一支高水平地质灾害防治科研人才队伍，健全地质灾害技术体系；规范地质灾害防治工作流程和技术标准，完善行业标准规范和考核监督管理机制，健全地质灾害制度体系；建立健全政府统一领导、统一指挥，相关部门各司其职、密切配合的工作机制，完善地质灾害管理体系。

3. 主要任务

1)地质灾害风险调查工程

(1)编制地质灾害风险"一张图"。充分利用以往地质灾害专项调查、年度排查等成果，采取定量和定性相结合的方式，对已查明的地质灾害隐患点、不稳定斜坡和高、中易发区等开展风险程度评价，划定地质灾害风险防范区。2020年底前，初步形成全省地质灾害风险"一张图"，形成地质灾害日常排查巡查工作联动机制，实时更新完善全省地质灾害风险"一张图"。

(2)开展地质灾害风险调查评价。部署开展县(市、区)1：50 000地质灾害风险普查，针对地质灾害高易发区乡镇(街道)开展1：2000风险调查评价，进一步摸清地质灾害风险底数，建立风险评估模型，科学划分地质灾害极高、高、中、低风险区，为风险防控提供依据。2022年底前，完成77个有地质灾害防治任务县(市、区)地质灾害风险普查和150个地质灾害高、中易发区乡镇(街道)风险调查评价。

2）地质灾害监测网建设工程

（1）2022 年底前，累计建成地质灾害专业监测点 600 个，新增山区降雨量自动监测站 1000 处。

（2）提高地质灾害群测群防水平。2022 年底前，形成 10 000 人左右的地质灾害群测群防员和防灾管理员队伍，完成地质灾害宣传培训 30 万人次。

3）地质灾害风险预报预警工程

（1）完善地质灾害风险预报系统。2022 年底前，建成省、市、县地质灾害风险预报一体化平台。

（2）建立地质灾害风险预警系统。在全面总结地质灾害与降雨关系的基础上，开展地质灾害发生风险概率的降雨量阈值研究，定期发布降雨量阈值。2020 年底前，初步建立基于地质灾害风险“一张图”的预警系统；2022 年底前，建成基于降雨、位移、应力、地下水位等多源数据驱动的地质灾害风险“一张图”预警系统。

4）地质灾害风险管控工程

（1）建立地质灾害“风险码”管理机制。2022 年底前，建成基于国土空间规划管控的全省地质灾害风险防范区“风险码”管理信息系统。

（2）建立地质灾害风险综合管理平台。在地质灾害信息综合管理平台的基础上，进一步完善信息集成、智能分析、风险研判、决策支持和应急响应等功能，实现地质灾害风险“一张图”实时动态管理，为全天候、全区域、全方位、全过程管控地质灾害风险提供智能化支持。2022 年底前，建成省、市、县三级统一的地质灾害风险综合管理平台。

5）地质灾害综合治理工程

（1）深入开展地质灾害避让搬迁和工程治理。2022 年底前，完成 600 处地质灾害综合治理。

（2）加强生态综合治理工程质量和安全生产管理。2022 年底前，形成实时监管、优质高效的治理工程质量安全体系。

三、浙江省地质灾害防治“十四五”规划

根据《地质灾害防治条例》《国务院关于加强地质灾害防治工作的决定》《浙江省地质灾害防治条例》《中共浙江省委关于制定浙江省国民经济和社会发展第十四个五年规划和二〇三五年远景目标的建议》《浙江省地质灾害“整体智治”三

年行动方案(2020—2022年)》等相关要求,为建立科学高效的地质灾害防治体系,着力提升地质灾害"整体智治"能力,编制了《浙江省地质灾害防治"十四五"规划》。

1. 指导思想

坚持以习近平新时代中国特色社会主义思想为指导,深入贯彻党的十九大和十九届二中、三中、四中、五中全会精神,全面贯彻习近平总书记"两个坚持、三个转变"等防灾减灾工作系列重要论述精神,坚持人民至上、生命至上,围绕"不死人、少伤人、少损失"的总目标,坚持"四个宁可、三个不怕"防汛防台工作理念,坚持守土有责、守土负责、守土尽责,坚决纠正和克服"四种错误思想",遵循系统观念、系统方法,以地质灾害风险识别、风险监测、风险预警、风险控制为主线,全力推进地质灾害防治工程数字化改革,建立科学高效的地质灾害防治体系,着力提升地质灾害"整体智治"能力,为"两个高水平"(高水平全面建成小康社会、高水平推进社会主义现代化建设)和"重要窗口"建设营造安全稳定的环境。

2. 总体目标

"十四五"期间,全面完成地质灾害"整体智治"三年行动,建立"一图一网、一单一码,科学防控、整体智治"的地质灾害风险管控新机制,构建分区分类分级的地质灾害风险管理新体系,形成"即时感知、科学决策、精准服务、高效运行、智能监管"的地质灾害防治新格局,做到地质灾害隐患即查即治、地质灾害风险有效管控,避免因地质灾害造成群死群伤,地质灾害造成死亡人数同比下降20%以上,切实保障人民群众生命财产安全。

到2035年,建成地质灾害风险防控全国示范、东南沿海台风暴雨型地质灾害防治水平区域领先、地质灾害数字化改革跨越率先的地质灾害治理能力和治理体系现代化省份。

3. 重点推进地质灾害六大工程建设

(1)地质灾害调查监测体系建设工程。开展县(市、区)地质灾害风险普查、乡镇(街道)地质灾害风险调查;开展地质灾害专业监测点建设。

(2)地质灾害预警应急体系建设工程。开展地质灾害监测预警系统建设;开展地质灾害应急技术保障工程建设。

(3)地质灾害综合治理体系建设工程。开展地质灾害隐患综合治理。开展区域性地质灾害风险综合治理。

(4)地质灾害数字管理体系建设工程。开展地质灾害数字化平台建设;开展地质灾害智控中心建设;开展地质灾害防治制度标准制定。

(5)地质灾害创新平台体系建设工程。开展地质灾害野外观测研究站建设;开展地质灾害防治示范区建设。

(6)地质灾害防灾减灾文化建设工程。开展地质灾害防治科普建设;开展地质灾害标识系统建设。

4. 主要指标

(1)约束性指标。"十四五"期间完成地质灾害风险普查78个县(市、区),320个乡镇(街道)地质灾害风险调查,累计建成专业监测点1500个,累计建成山区雨量监测站6500个,建立省、市、县一体化监测预警系统1个,重点、次重点风险防范区应急预案演练覆盖率100%,区域地面沉降控制在平均速率7.5mm/a,建设地质灾害智控平台1个。

(2)预期性指标。地质灾害造成死亡人数下降率20%,地质灾害综合治理800处,"地灾智防"APP使用人数20 000人,建立自然资源部浙江地质灾害野外观测研究站站点6个。

5. 保障措施

(1)加强组织领导。切实发挥浙江省地质灾害应急与防治工作联席会议作用,省级有关单位要按照职责分工,负责指导本行业、本部门地质灾害防治相关工作,密切协作、齐抓共管,形成工作合力。各市、县(市、区)政府要加强组织领导,明确责任分工,确保按时保质完成各项工作任务。

(2)加强资金保障。省级有关部门要积极争取中央特大型地质灾害防治资金支持,做好省级专项资金保障,深化因素法分配机制,切实发挥省级财政引导作用。

(3)加强监督考核。建立规划实施监测和动态评估机制,省级有关部门要加强形势分析,动态评估规划实施情况。加强对设区市、县(市、区)地质灾害综合防治工作的考核,结合年度防治方案下达年度目标任务,开展年度考核。

(4)加强宣传教育。将地质灾害防治法律法规、科学知识纳入宣传教育计划,充分利用广播、电视、报刊、网络等新闻媒体,开展多层次、多形式的地质灾害防治宣传教育和公益活动,增强公众对地质灾害的防范意识,提高自救互救能力,营造全社会共同参与地质灾害防治的良好氛围。

浙东南驻县进乡概况

第一节　驻县进乡重要职能

浙江省“千名地质队员驻县进乡”行动是浙江省自然资源厅、浙江省地质勘查局2020年推出的地质灾害防治服务基层的一种重要举措。在2017—2019年“除险安居”三年行动完成后，浙江省地质灾害防治工作已逐渐从过去的静态隐患管理向之后的动态风险管控转变。开展驻县进乡行动是为进一步健全完善汛期地质灾害防治工作机制，不断提升基层地质灾害防治技术水平，充分发挥地质队员在地质灾害防治中的“主力军”作用，不仅是提升对地质灾害险情“早识别、精确测、强预警、科学防、整体治、精细管”六大能力的必然要求，而且是展示浙江省地质勘查队伍建设“重要窗口”、践行“防灾职能”的重要举措。

一、工作背景

2018年10月10日，习近平总书记在中央财经委员会第3次会议中明确指出，要建立高效科学的自然灾害防治体系，提高全社会自然灾害防治能力，并提出推动建设“九大工程”，其中包括实施灾害风险调查和重点隐患排查工程，掌握风险隐患底数；实施自然灾害监测预警信息化工程，提高多种灾害和灾害链综合监测、风险早期识别和预报预警能力。

2019年，时任浙江省省长袁家军同志在浙江省抗台救灾会议中提出：坚决纠正和克服“天灾不可抗，伤亡免不了”的消极思想，“不是地质灾害点就不需要人员转移”的麻痹思想，“干部只要到岗就是尽责”的免责思想，“台风一走、风险也走”的松懈思想“四种错误认识”，力争“打一仗就进一步”。

2019 年 10 月 22 日，袁家军在浙江省第 30 次常务会议中指出，要加快建立“识别一张图、研判一张单、管控一张表、指挥一平台、应急一指南、案例一个库”的“六个一”工作体系，加强防大灾害基础设施建设，进一步提升地质灾害隐患点治理和风险管控能力、小流域山洪灾害防御能力、城市内涝防范能力。

2020 年 4 月 3 日，自然资源部部长陆昊在全国汛期地质灾害防治视频会议中强调：要高度重视地质灾害隐患排查的重要基础工作，准确判断“隐患在哪里”；全面开展 1∶5 万地质灾害调查，在人口密集区等重点区域开展 1∶1 万地质灾害调查，摸清重要地灾隐患的构造和可能影响范围，准确判断地灾风险。

2020 年 7 月 3 日，时任浙江省委书记车俊在浙江省自然资源厅调研地质灾害防治工作中，对“除险安居”三年行动、梅汛期地质灾害防治等浙江省自然资源厅所采取的一系列工作举措，特别是省级地质灾害风险管控平台的上线，“千名地质队员驻县进乡”行动给予充分肯定，强调浙江省自然资源厅组织千名地质队员驻县进乡服务地质灾害防汛是一种服务基层的好形式，在汛期内很好地发挥了及时排查隐患、预警预报、避灾避险的作用，应在台汛期坚持完善。全省自然资源系统要切实增强信心和决心，从当前的工作实际出发，发挥自然资源系统优势，继续努力做好地质灾害防治工作。

2020 年 7 月 8 日，浙江省自然资源厅厅长黄志平在浙江省汛期地质灾害防治工作视频会议中强调，为进一步巩固“除险安居”三年行动成果，加快建立与浙江省经济社会发展相适应的地质灾害风险管控新体系，浙江省委、省人民政府决定启动地质灾害“整体智治”三年行动。地质灾害“整体智治”主要任务是实施“六大工程”、提升“六大能力”。一是实施地质灾害风险调查工程，提升“早识别”能力；二是实施地质灾害监测网建设工程，提升“精准测”能力；三是实施地质灾害防治风险预报预警工程，提升“强预警”能力；四是实施地质灾害风险管控工程，提升“科学防”能力；五是实施地质灾害综合治理工程，提升“整体治”能力；六是实施地质灾害管理制度保障工程，提升“精细管”能力。

二、行动依据

为贯彻习近平总书记关于防灾减灾重要精神，切实落实浙江省委、省人民政府对地质灾害防治工作要求，2020 年浙江省自然资源厅、浙江省地质勘查局在以往“地质灾害防治专家进村驻点”行动的基础上，根据浙江省地质灾害防治体系建设的要求，进一步推出了“千名地质队员驻县进乡”专项行动，并在浙江省地质勘查局系统内组织专业地质灾害防治人员进行了实施，以实际行动为“乡村振兴”“平安浙江”和“重要窗口”建设做出地勘人的积极贡献。

2020年5月，浙江省进入梅汛期后强降雨较多，多地地质灾害防汛形势较为严峻。浙江省地质灾害应急与防治工作联席会议灾害防治办公室印发《2020年浙江省地质灾害防治方案》，指出2020年开始启动地质灾害“整体智治”三年行动，主要开展60个乡镇（街道）地质灾害风险调查，累计建成多参数专业监测点420处，实施200个地质灾害隐患综合治理工程；科学确定重点地区降雨引发地质灾害的阈值，优化地质灾害监测和风险预报预警模型；强化地质灾害风险动态管控，有效控制地质灾害风险，最大限度降低地质灾害危害和损失。

2020年7月28日，地质队员驻县进乡技术培训班在杭州开班。浙江省自然资源厅党组成员、副厅长陈远景出席并作开班动员讲话（图2-1），浙江省地质勘察局党委委员、副局长徐刚主持仪式。陈远景指出，深入推进“千名地质队员驻县进乡”行动，进一步发挥地质队员在台汛期的关键作用，要树立“哪里最需要去哪里，哪里最薄弱去哪里，哪里最危险去哪里”的服务意识，主动服务、靠前服务、驻守服务。

图2-1　陈远景副厅长在开班仪式上讲话

2020年8月，浙江省自然资源厅印发《浙江省地质灾害防治千名地质队员驻县进乡行动实施方案的通知》（浙自然资函〔2020〕43号），进一步明确了“千名地质队员驻县进乡”行动具体工作任务。

第二节 驻县进乡发展过程

一、地质灾害应急调查

1. 地质灾害防治专家应急调查

浙江省第十一地质大队(以下简称十一队)一直承担浙东南地区的地质灾害防治工作,主动承担了浙江省近1/3地质灾害点和隐患点的勘查、评估、设计、治理任务及相关规划编制工作,成为浙南地区首屈一指的地质灾害防治技术力量。作为温州地区地质灾害应急调查与防治的主力军,多年来十一队都会在台风登陆前派出地质灾害应急专家小组赶赴温州各地进行抗台;台风登陆后,“哪里出现地灾险情,十一队地勘人的身影就出现在哪里”也成为十一队防台抗台、防灾抗灾的传统。20多年来,十一队为保一方社会经济建设发展和人民群众生命财产安全,架起了一道“地质灾害防护网”。

2. 浙江省地质勘查局“两进”行动

2019年7月2日,浙江省地质勘查局党委书记、局长张金根在十一队召开“双创”专题调研座谈会后,连夜召集十一队领导和相关技术骨干召开“地质灾害防治专家进村驻点和地质成果进乡村”(简称“两进”)专项座谈会,为行动开展出谋划策。随后,十一队正式启动“两进”行动,成立领导小组部署落实,由总工办牵头编制工作方案,对接村镇,不断深入推进工作。

“地质灾害防治专家应急调查”行动开展以来,十一队扎实推进抓成效,先后与泰顺县泗溪镇、文成县峃口镇、永嘉县桥下镇和岩坦镇、瓯海区丽岙街道、乐清市大荆镇及龙西乡等地质灾害高易发乡镇进行对接,提供菜单式服务。2017—2019年,十一队共派出进村专家79人次,进驻21个村,应急处置灾害点289个,应急值守157人次,应急巡(调)查493人次,参与抢险救灾58人次,开展基层培训8次,培训人员1117人,通过发放环保袋、宣传页和展示展板,开展地质灾害防治科普宣传,通过视频短片和现场讲解面对面为监测员授课答疑。地质灾害防治专家主动下沉为基层一线服务,获得地方政府和当地群众的好评。同时，十一队向浙江省地质勘查局上报进展动态周报共11次，提交《“地质灾害防治专家进村驻点”行动工作总结》。

二、2020年驻县进乡行动

根据浙江省自然资源厅浙自然资函〔2020〕43号文要求，驻县进乡行动主要承担4项工作，一是深入开展风险隐患排查巡查，在“汛前全面排查、汛中重点巡查、汛后及时复查”的原则下，组织地质队员开展地质灾害风险隐患排查巡查工作，动态掌握辖区地质灾害风险情况；二是重点加强风险隐患监测预警，组织地质队员系统性地开展辖区地质灾害发生发育规律研究，全面总结地质灾害与历史降雨强度关系，不断评估调整风险防范区降雨量临界阈值；三是做好地质灾害避灾避险技术支撑，根据预警信息，组织地质灾害应急值守和会商研判，指导乡镇开展现场风险巡查，科学提出人员应急转移建议等；四是全面开展防灾知识宣传培训，对驻守乡（镇、街道）工作人员、村干部和群测群防员开展地质灾害防治技术能力培训，定期核查风险隐患“防灾明白卡”“避险明白卡”制作和发放工作，切实提升基层干部地质灾害防治能力和水平。

1. 驻县进乡行动组织情况

为全面落实浙江省自然资源厅驻县进乡行动实施方案，结合十一队地质灾害防治工作实际，十一队成立了驻县进乡组织机构，包括领导小组、办公室、专家组、监测组、车辆保障组等共150人的驻县进乡队伍，编制了驻县进乡实施方案和工作指南。根据浙江省自然资源厅统一部署，十一队主要承担了瓯海区、龙湾区、鹿城区、洞头区、苍南县、龙港市、文成县、乐清市、永嘉县9个县（市、区）驻县进乡工作，每个责任片区成立1～3个工作小组，每个工作小组由4～5人组成专业技术队伍。在台汛期，十一队除了派出工作小组进驻自身承担的责任片区外，同时也向外系统承担的责任片区派出工作小组，确保工作不留“死角”，切实帮助、指导当地进行地质灾害风险隐患排查、巡查等工作。

2. 排查、复核地质灾害风险防范区数量

2020年十一队积极参与地质灾害风险“一张图”工作。通过资料收集和室内遥感解译，组织人员进行野外验证等工作，逐步摸清了风险防范区底数。温州市累计发现地灾风险防范区1294个，其中十一队承担的瓯海区、龙湾区、鹿城区、洞头区、苍南县、龙港市、文成县、乐清市、永嘉县9个县（市、区）累计地灾风险防范区831个。驻县进乡行动以来，十一队全体进驻地质队员已完成应急响应110人次，巡排查2012人次，应急处置15次。

3. 开展地质灾害技术培训情况

2020年，十一队为做好汛期地质灾害防治工作，全面提高地质灾害应急人员业务素质，落实浙江省地质勘查局千名地质队员驻县进乡工作任务。十一队在梅汛期和台汛期多次组织相关技术人员进行了地质灾害防治知识培训，根据新冠肺炎疫情防控情况，十一队充分利用网络培训、现场培训、野外教学等线上线下多种手段，培训职工防灾减灾知识，累计组织各类地质灾害培训班13次，培训647人次，培训内容包括学习地质灾害防治风险区划分、地质灾害风险"一张图"编图、地质灾害预警撤离、地质灾害应急调查与响应和"地灾智防"APP操作等；同时，协助当地县(市、区)自然资源主管部门，面向驻守乡镇(街道)工作人员、村干部和群测群防员开展地质灾害防治技术能力培训，对重点乡镇(街道)、重点风险防范区内的群众组织开展了丰富多彩的防灾减灾救灾主题宣传，累计进行科普宣传群众796名，发送地质灾害宣传资料677份，协助当地政府发送"防灾明白卡"和"避险明白卡"73份。

4. 驻县进乡行动中取得的成绩和工作亮点

1)编制驻县进乡行动"一方案""一指南""一清单"

针对2020年开展的驻县进乡行动，根据浙江省地质勘查局要求及十一队工作实际需要，十一队及时编制了地质队员驻县进乡实施方案和工作指南；此外，通过充分利用以往地质灾害专项调查、年度排查等成果，采取定量和定性相结合的方式，对已查明的地质灾害隐患点、不稳定斜坡和高、中易发区等开展风险程度评价，划定地质灾害风险防范区，提出地质灾害风险防范区清单。清单中列出地质灾害重点风险防范区和一般风险防范区，并进一步明确各个风险区的防范重点部位，使得全体进驻地质队员能做到有的放矢、有据可循。

2)驻县进乡责任片区挂牌服务

为落实好浙江省地质勘查局驻县进乡工作任务，十一队积极与当地政府协同联动，进驻责任片区进行挂牌服务，如与文成县峃口镇开展驻县进乡联合行动，并将相关服务信息挂牌公示。十一队地质灾害防治技术人员根据浙江省地质勘查局驻县进乡工作要求，指导辖区自然资源和规划局与乡镇及群测群防员开展风险巡排查工作，科学提出人员转移建议；发生灾险情时，组织驻县进乡地质队员第一时间赶赴现场进行调查，做好应急救援技术支撑。

3)科技创新助力驻县进乡行动

根据浙江省地质勘查局统一部署，十一队承担了瓯海区、龙湾区、鹿城区、洞头区、苍南县、龙港市、文成县、乐清市、永嘉县9个县(市、区)累计831个地灾风险防范区的防灾任务。为顺利完成进驻任务，十一队积极与温州市气象局开展战略合作，一方面获取系统、完整的气象资料，提高气象服务地质灾害防治的准确性，另一方面推动开展温州市地质灾害风险预警预报阈值研究，提高地质灾害风险预警预报能力。

此外，温州市地质环境监测中心、中南大学和十一队积极参与温州市地质灾害预警及综合指挥平台建设，针对已经划定的地质灾害风险防范区，通过指挥平台进行对比、复核，为进一步开展地质灾害风险防范区修正提供依据。2020年，十一队牵头完成的温州市地质灾害风险“一张图”工程，其成果在当年抗击第4号台风“黑格比”中得到了很好的应用。

4)成功避险的案例总结

2020年受第4号台风“黑格比”影响，温州市灾害点总数为28个，成功避险点数为10个。例如，乐清市城东街道云海村上叶徐某等屋后不稳定斜坡风险防范区成功避险(风险区编号330382FF0024)。2020年8月4日7时左右，受“黑格比”台风带来的强降雨影响，屋后边坡表层松散层发生滑坡，滑坡体宽约10m，长约10m，厚约3m，体积约300m^3。滑坡体堆积于坡脚民房一侧空地，少量土石进入居民房屋内，造成窗户损坏。该风险防范区受威胁人数为14户81人、财产为260万元，由于人员提前撤离，避免了人员伤亡。其他如永嘉县桥下镇桥下村东山根路、洞头区东屏街道大北岙村虎山和瑞安市芳庄乡卓庄村风险防范区均发生小规模的崩塌和滑坡，由于撤离及时，都避免了人员伤亡。

第三节　驻县进乡总体要求

一、指导思想

以习近平新时代中国特色社会主义思想为指导，深入学习贯彻习近平总书记关于防灾减灾救灾重要论述精神，坚持人民至上、生命至上，全面落实省委以最有力、最及时、最温暖的“三服务”，为打赢“两战”提供坚强保障的要求，做到“哪里最需要去哪里”“哪里最薄弱去哪里”“哪里最危险去哪里”，加快构建“人防与技防并重、群众与专家结合”的地质灾害监测预警新模式，着力破解基层地质灾害防治短板弱项，大力提升地质灾害动态防治能力，为建设“重要窗口”提供公共安全保障。

二、基本原则

(1)坚持统一管理、分级负责。浙江省自然资源厅会同浙江省地质勘查局负责全省地质灾害防治驻县进乡行动的统一管理，市级自然资源主管部门负责行动的监督指导，县级自然资源主管部门负责行动的具体组织实施，上下联动，形成合力。

(2)坚持统筹力量、就近服务。按照“就近、便捷、高效”的要求，构建地质灾害防治技术支撑服务格局，确定各县(市、区)驻县进乡支撑服务单位。除特殊情况外，尽量保持相对固定的支撑服务格局和技术人员。

(3)坚持平战结合、动态调整。按照“平时服务、急时应急、战时应战”的要求，将驻县进乡地质队员纳入基层日常地质灾害防治体系，分期分批有序驻守，开展24小时服务。根据地质灾害预报预警结果，动态调整驻县进乡技术力量，做到未雨绸缪、精准服务。

(4)坚持规范管理、完善机制。充分运用“地灾智防”APP，探索大数据+网格化支撑服务模式，全面及时掌握驻县进乡行动动态。进一步规范驻县进乡地质队员管理，制订驻县进乡行动标准，加快形成常态化的汛期驻守服务工作机制。

三、主要目标

2021年汛期前，全省78个有地质灾害防治任务的县(市、区)和320个重点乡镇(街道)实现地质灾害防治千名地质队员驻县进乡全覆盖。2022年底前，基本实现驻县进乡行动管理规范化、服务专业化、手段现代化、行动品牌化的“四化”工作目标。

第四节 驻县进乡地质队员主要工作任务

一、制订驻县进乡工作方案

各地勘单位根据进驻地实际情况，有针对性地制订工作方案，上报浙江省自然资源厅、浙江省地质勘查局领导小组办公室备案。方案中应有具体措施、指标。

二、配合进驻地区做好地质灾害汛期“三查”工作

(1)汛前排查。按照有关排查技术要求开展工作，主要开展地质灾害风险防范区的核查和新生地质灾害隐患点的调查，对符合核销要求的地质灾害隐患点及时提出核销建议，对城镇、学校、集市等人口密集区和重要交通干线、风景名胜区、重要工程建设活动区等重点地区要进行重点排查。配合进驻乡镇(街道)编制风险防范区防灾方案、更新“防灾明白卡”和“避险明白卡”，及时更新、录入地质灾害群测群防相关信息。

(2)汛中巡查。对辖区的地质灾害风险防范区进行巡查，特别要针对汛期实际，加强对与25°以上斜坡、沟口距离较近且存在人类工程活动的风险防范区的巡查。巡查中要对“两卡”发放、单点防灾方案落实、信息报送、群测群防体系运行、防灾减灾知识宣传培训及各项防治措施落实情况与存在问题进行重点检查。

(3)汛后核查。了解辖区内现有地质灾害隐患点变化发展情况，年度地质灾害防治方案、风险防范区各项防治措施执行情况，新发现地质灾害隐患点防灾责任单位、责任人和监测员等落实情况，驻守乡镇(街道)新发生地质灾害应及时录入数据库，同时对所负责的地质灾害隐患提出防治对策建议。

三、指导开展宣传、培训、应急演练工作

(1)宣传。通过广播、电视、微信等媒介和发放宣传小册子等方式，配合政府

组织开展地质灾害防灾知识宣传。

(2)培训。配合政府组织开展辖区内地质灾害防治管理人员、片区负责人和群测群防人员的地质灾害防灾知识培训。培训内容主要包括地质灾害的基本知识、应急避险的基本常识、地质灾害防治管理的相关知识、群测群防工作的主要内容与方法及成功避险经验等。

(3)应急演练。指导、配合政府组织开展的各级地质灾害应急演练。

四、应急处置

发生地质灾害灾(险)情时,进驻地质队员应立即到达现场为当地政府开展应急处置工作提供技术支持和服务。应急处置按阶段的不同可划分为先期应急处置、初期应急处置和后期应急处置。

(1)先期应急处置主要工作内容:识别危险源、划定危险区范围、判定灾(险)情、提出应急抢险措施建议、指导地方政府开展群测群防工作和协助地方政府实施紧急避让。

(2)初期应急处置主要工作内容:开展应急调查(判定地质灾害类型及规模,调查地质灾害体地质环境条件及边界条件,划定成灾范围及危险区,确定危害对象,初步判断地质灾害稳定性,分析影响因素,预测发展趋势,提出应急处置方案),实施应急监测和其他应急处置工作。

(3)后期应急处置主要工作内容:开展应急勘查、监测,实施应急工程治理,排除地质灾害灾(险)情。

五、信息报送

(1)做好进驻工作日志记录。对每天的巡查排查、指导培训、应急处置等工作开展情况,认真做好记录。地质勘查单位将每天进驻情况及时上报浙江省地质勘查局领导小组办公室。

(2)地质灾害灾(险)情上报。会同当地政府及自然资源主管部门调查核实后,在县(区、市)自然资源主管部门上报上级部门的同时,及时上报浙江省地质勘查局领导小组办公室。灾(险)情信息报送内容包括地质灾害发生的时间、地点、类型、规模、受灾情况、已采取的措施、损失初步评估和灾害发展趋势、下步工作计划等。

地质灾害信息报送应由县(区、市)自然资源主管部门根据相关要求统一报告上级部门。信息内容应实事求是,不妄加推断,若时间紧急,未能调查清楚灾害的全部信息,可只报送已清楚的内容,待调查清楚后,再详细报告,做到迅速、准确、严谨,严禁发生迟报、错报、漏报和瞒报现象。

六、工作纪律

(1)进驻地质队员必须具备较强的专业知识,熟悉相关管理文件、法规,熟悉驻守区域的地质环境条件、地质灾害发育情况、地质灾害防治情况等。掌握区域内的地质灾害风险防范区情况、警示区位置,根据地质灾害危害对象和稳定性,有重点、有层次地进行分类管理。

(2)进驻时间一般为每年的汛期 4—10 月份,非汛期遇强降雨或发生地质灾害等特殊情况时,根据需要由自然资源部门调整确定。进驻地质队员需按各级自然资源部门的要求按时报到。进驻期间进驻队员应按时到岗,不得擅自离岗,保持手机 24 小时畅通。

(3)进驻地质队员在驻守期间若遇特殊原因需要暂时离开,必须向县(市、区)自然资源部门和进驻单位履行请假手续,同时安排好驻守工作接替人员,不得影响驻守工作,征得同意后才能离开。

(4)进驻地质队员由县(市、区)自然资源部门及进驻地质勘查单位共同管理。对于进驻工作不到位、不认真履行职责、不服从管理的进驻人员,县(市、区)自然资源部门建议更换人员的,进驻单位应及时替换工作人员,并报浙江省地质勘查局领导小组办公室备案。

第五节　驻县进乡行动的目的和意义

一、驻县进乡行动的目的

浙江省地质勘查局局属地勘单位作为全省地质灾害防治技术支撑主力军,

全面参与地质灾害隐患综合治理"除险安居"三年行动。2019年，浙江省地质勘查局创造性地提出并开展了"地质灾害防治专家进村驻点"行动，取得了明显成效，并在行业系统产生了深远影响，为2020年驻县进乡行动奠定了良好的基础。

但不可忽视的是，浙江省地形复杂，地貌形态多样，构造活动强烈，受亚热带季风气候影响，汛期降雨强度大，加上人类工程活动加剧，地质灾害易发。同时，地质灾害风险防范区数量大，市、县特别是乡镇（街道）普遍缺乏地质技术人员，群测群防员业务素质整体不高等因素，造成浙江省地质灾害防治形势依然严峻。

在"地质灾害防治专家进村驻点"行动效果良好和浙江省地质灾害防治形势依然严峻的情况下，浙江省地质勘查局推出了驻县进乡行动。"千名地质队员驻县进乡"行动的主要目的是进一步健全完善汛期地质灾害防治工作机制，实现地质灾害防治工作从静态地质灾害隐患点管理向动态风险管控进行转变，是破解基层地质灾害防治工作薄弱点的重要抓手。驻县进乡行动充分发挥了地质队员在地质灾害防治中的主力军作用，为浙江省地质灾害防治体系建设提供了技术保障，也是浙江省自然资源系统深入开展"三服务"活动的"金名片"。

二、驻县进乡工作意义

2020年梅汛期，浙江发生两起因暴雨引发的山体滑坡——6月4日衢州柯城区九华乡大侯村山体滑坡、6月30日开化县芹阳办事处桃溪村山体滑坡，都因为有专业地质队员在现场提前预警，当地政府组织村民紧急转移，避免了大量人员伤亡。这在一定程度上归功于驻县进乡工作，这一创新安排让专业人员为基层工作人员科学防灾救灾提供了指导。

科学决策能力和专业技术力量是防范地质灾害的关键因素之一。面对可能出现的灾情，基层干部需要科学决策的依据。然而，当前我国不少县、市（区）缺乏专业地质技术人员，面对地质灾害，在风险识别、风险研判和风险防控方面，基层政府往往缺乏科学决策依据。过去防汛抗灾基本靠经验，缺乏专业人员助力，有时存在"天灾不可抗、伤亡免不了"的惯性思维，或者"不是地质灾害点就不需要人员转移"的麻痹思想。如果能提前部署，向一线派驻专业地质队员，进行网格化管理，补齐基层地质风险防控技术力量欠缺的短板，不仅是精准施策的创新，也能为防灾减灾提供科学指导。

地质灾害隐患早期识别难度大，局地性暴雨很难及时准确预测预警，已查明的地质灾害隐患消除后，新的地质灾害风险还会不断发生。专业技术人员驻县进乡，能提前了解和熟悉当地情况，一旦发生地质灾害灾情、险情，可第一时间赶赴现场，为当地政府开展应急处置工作提供技术支撑。

事实证明，这样的措施行之有效。浙江从2017年初开展"除险安居"三年行动，从源头上排查灾害事件的发生隐患点。截至2019年底，浙江的地质灾害隐患点已从2016年的5220处降至2019年底的727处，受地质灾害威胁人数从13万余人降至2万余人。

天灾不可避免，防控做在平时，防灾减灾需众志成城，抢险救灾更需科学决策防险避灾。在防灾减灾工作中，期待安排更多专业人士到一线去，提升基层科学决策和应对水平，将功夫下在防患于未然之时，尽一切科学手段和专业技术力量防灾、减灾、避灾。

2020年，浙江省近万名地质灾害群测群防员和千名驻县进乡地质队员很好地发挥了地质灾害防治主力军作用，成功避让多起地质灾害，避免了重大人员伤亡，功不可没。

浙东南突发性地质灾害特点

第一节　地貌与气象水文

一、地形地貌

浙东南地区（温州市域）东濒东海，南毗福建省宁德市，西及西北部与丽水市相连，北和东北部与台州市接壤。全域介于北纬27°03′—28°36′、东经119°37′—121°18′之间。

浙东南地势从西南向东北呈梯形倾斜，自西向东绵亘有北北东向的洞宫山脉、括苍山脉和雁荡山脉，自北而南展布了东西向瓯江、飞云江和鳌江，山水交织构成了主要地形格架。区内地貌西高东低，西部属中山区，中部为丘陵区，东部为平原及岛屿区。西部海拔在1000m以上，最高峰泰顺白云尖海拔1611m；中部多为海拔500～1000m的低山，丘陵盆地错落其中；东部为山前冲积平原和海积平原。地形具有相对高差大、构造剥蚀强烈、地形切割深、山高坡陡、沟壑纵横等特点。

二、气象水文

温州地处我国东南沿海，纬度相对较低，属亚热带海洋型季风气候。全年气候温暖湿润，四季分明，年平均气温在18℃左右。温州西部山区总体因为地势较高，年平均气温比东部、南部沿海地区略低，例如泰顺县多年平均气温约为17℃。温州境内地形错综复杂，降水非常丰富，河流众多，分布有浙江省八大水系中的3条，即瓯江、飞云江、鳌江。其中，洞宫山以北的南雁荡山为瓯江水系和飞云江水系的分水岭，水系的排列为羽状，河流的断面具有坡陡谷深、水流湍急、多瀑布险滩、多"V"形峡谷的特征。沿海平原区有温瑞和瑞平两条塘河骨干河渠，具有发展内河航运与养殖淡水鱼的优良环境。

温州多年平均降雨量在1595mm以上。降雨量自东南沿海向西部递增，地处海岛的洞头区降雨量反而较少，仅有1200mm。临海的龙湾、乐清、瑞安、平阳、苍南等县(市)，年降雨量均在1700mm左右，西部山区迎风坡降雨量可达1800mm以上。温州市年内降雨分布不均，10月到翌年2月受大陆干冷气团控制，干燥少雨，5个月降雨量约占全年降雨量的20%；3—9月受暖湿气流、热对流和台风影响，雨水充沛，占全年降雨量的80%。其中，春雨季(3—4月)降雨量约占全年降雨量的20%；梅雨季(5—6月)降雨量约占全年降雨量的25%；台风雷雨季(7—9月)降雨量约占全年降雨量的35%，为全年降雨高峰期(图3-1)。

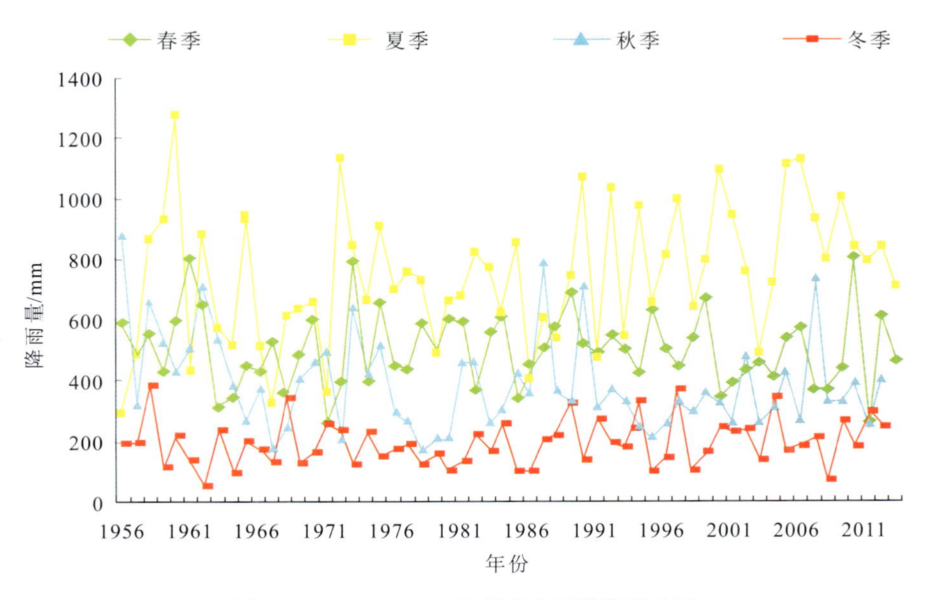

图3-1　1956—2013年温州市四季降雨量图

第二节　强降雨特征

一、降雨类型

我国气象部门降雨强度划分标准见表 3－1。

表 3－1　我国气象部门一般采用的降雨强度划分标准　　单位：mm

定义名称	12h 内雨量	24h 内雨量
小雨	≤5	≤10
中雨	5～15	10～25
大雨	15～30	25～50
暴雨	30～70	50～100
大暴雨	70～140	100～250
特大暴雨	≥140	≥250

浙东南位于我国东南沿海，是气象灾害频发地区。4—10 月为汛期，其中 7—10 月为主汛期，期间常有台风。全年暴雨结束最迟的是 1953 年 12 月 2 日，其次是 1982 年 11 月 29 日；全年暴雨结束最早的是 1980 年 4 月 28 日，其次为 1961 年 6 月 10 日。

图 3－2 表明，温州暴雨空间分布特征大致如下：从西南向东北呈梯形递减，西南山区暴雨日数明显多于东部平原，更多于海岛。虽同为平原，但平阳和温州由于周围地形抬升与合围作用，其暴雨日数要明显多于其他平原地区。

二、近 20 年特大暴雨分布及特征

近 20 年来，气候条件多变，浙东南经历了多次台风暴雨，特大暴雨时有发生，并为 100 年、200 年甚至 400 年不遇，见表 3－2。

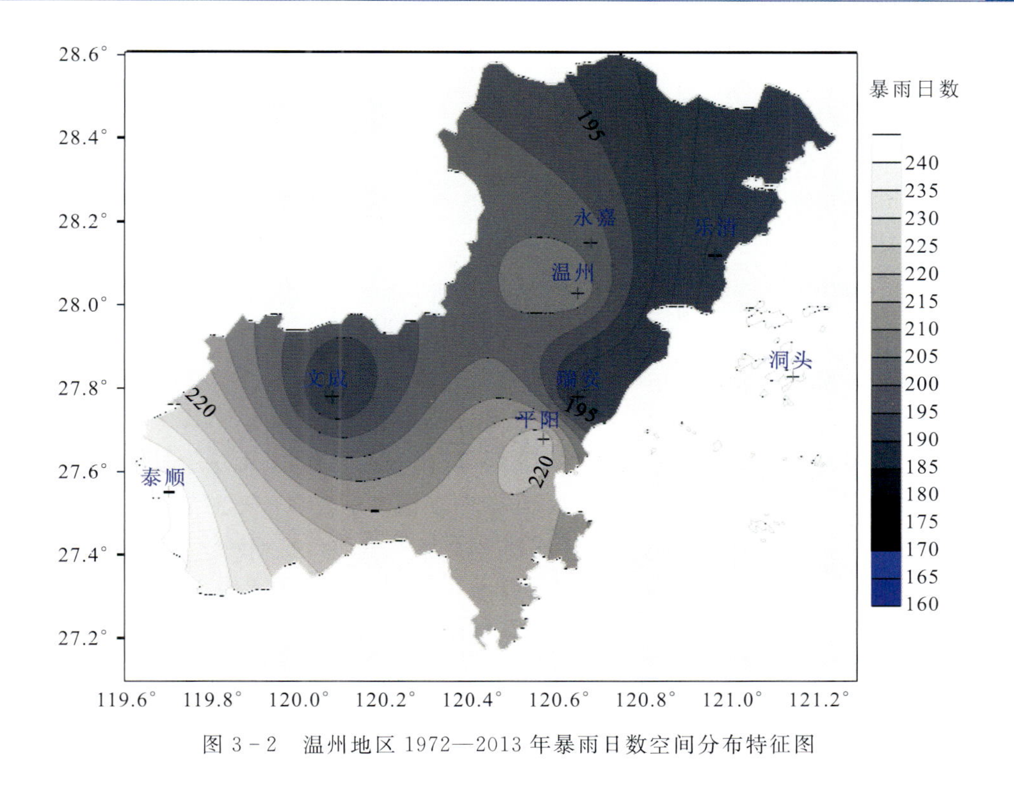

图 3-2　温州地区 1972—2013 年暴雨日数空间分布特征图

表 3-2　近 20 年浙东南主要台风与高强度降雨量统计表　　单位：mm

台风名称	地点	降雨历时				部分过程雨量
		1h	3h	6h	24h	
1999 年 9 月 4 日洪灾	仰义	119.0	289.5	372.0	410.0	
	西山	117.8	243.3	275.5	314.9	
	海坦山	137.6	317.8	378.0	404.7	
	永嘉气象台	112.9	225.4	276.4	286.2	
	上塘	106.9	207.2	239.3	245.6	
	上塘镇岭脚	122.2	245.4	276.7	286.2	
2004 年 8 月 12 日“云娜”	福溪水库	70.5	157.5	225.5	540	
	砩头	90.5	204	361.5	863.5	906.5

续表 3-2

台风名称	地点	降雨历时				过程雨量
		1h	3h	6h	24h	
2005年9月1日“泰利”	文成西坑	70.5	151	212.5	313	333.5
	文成黄坦	61	140.5	232	359.5	376.1
2013年10月7日“菲特”	瓯海泽雅	70	172	253.6	430.5	476
2015年8月8日“苏迪罗”	泰顺仕阳	71.6	123.6	168.4	526.8	594.6
	珊溪镇毛坑里	90.5	151	254.5	467	717.6
	平阳朝阳	82	167	235.5	382.5	
	平阳顺溪石柱	83	142	207.5	264.5	
2016年9月15日“莫兰蒂”	泰顺泗溪	100	242.6	289.2	388	
	泰顺柳峰	93.6	234.4	317.8	390.2	
	泰顺雅阳	81.1	211.8	265.3	394.1	
	泰顺东溪	77.8	207.6	269.1	352.2	
	泰顺夏炉	102	228	289.5	378	427.5
	泰顺翁山	92.5	172.5	226	300	
	泰顺卢梨	94.6	231.7	293.3	379.3	
	瓯海泽雅	95.5	165	189	396	
2016年9月28日“鲇鱼”	文成岇口	74.5	148.5	198.5	398.5	
	文成光明	79.5	189.5	225.5	419.5	619.5
	文成公阳	87.5	177.5	212.5	449.0	474
	文成柳山	80.4	166.5	211.9	461.9	
	文成双桂	102.4	195.7	249.3	544.3	
2016年10月21日“海马”	瑞安湖岭六科	74.0	152.2		369.2	378

从表3-2中可知，每一次台风暴雨的降雨量有较大的差别，不同时段的降雨量也不相同，其中以1h、3h降雨量超历史记录时，造成的洪涝灾害及衍生灾害最为强烈；当过程降雨量极大时，也能造成重大灾害。

三、强降雨的分区性

综合多年台风对浙东南地区的影响，台风暴雨有明显的分区性。

(1)当台风在飞云江以北地区的温州市区、乐清及台州玉环等地登陆时，强降雨的影响范围以乐清、永嘉及温州西部山区为主，局部形成降雨中心。该类台风中以2004年的"云娜"和2019年的"利奇马"为主要代表，对乐清和永嘉两地造成了极大的人员伤亡和经济损失。

(2)当台风在飞云江以南地区的苍南及福建北部地区登陆时，强降雨对泰顺、文成、平阳、瑞安等地造成重大影响，近年来多个台风(如2005年的"泰利"、2013年的"菲特"、2015年的"苏迪罗"、2016年的"莫兰蒂"和"鲇鱼"等)均造成了上述地区的重大灾害。

第三节　地质条件

一、地层与岩性

浙东南地处环太平洋亚洲大陆边缘火山带我国东南沿海中生代火山带的北段，隶属华南地层大区的东南地层区，主要由中生界下白垩统磨石山群、永康群和第四系组成。

早白垩世早期地层由磨石山群巨厚的火山碎屑岩和沉积岩组成，划分为高坞组(K_1g)、西山头组(K_1x)、茶湾组(K_1c)、九里坪组(K_1j)；早白垩世后期地层由永康群的河湖相及火山碎屑岩组成，划分为馆头组(K_1gt)、朝川组(K_1cc)、小平田组(K_1xp)。

1. 磨石山群

侏罗纪时期浙东南沿海地壳隆起，火山活动较弱，早白垩世早期火山喷发规模大且活动强烈，磨石山群广泛分布，火山沉积地层巨厚。

高坞组(K_1g)：以深灰色流纹质晶屑玻屑熔结凝灰岩为主，厚度为116～1049m。

西山头组(K_1x):为酸性火山碎屑夹沉积岩、酸性—基性熔岩,厚度为449～1777m。

茶湾组(K_1c):主要有凝灰质砂岩、粉砂岩、含砾砂岩、泥岩夹含角砾沉凝灰岩等,厚度为35～640m。

九里坪组(K_1j):常呈帽状盖于地势较高的山顶或山脊之上,岩性以流纹(斑)岩为主,含有流纹质角砾凝灰岩、流纹质含角砾岩屑玻屑凝灰岩,偶夹粉砂岩,厚度为85～1291m。

2. 永康群

早白垩世早期形成的磨石山群火山岩喷发沉积,经过隆起剥蚀,受北北东向丽水-余姚、温州-镇海与北西向淳安-温州、松阳-平阳断裂构造格架的控制和影响,控制了白垩纪盆地生成、发展和发育,形成了一系列的不整合于磨石山群之上略呈圆形、不规则状的盆地,沉积了一套以河湖相沉积为主夹火山岩的地层。

馆头组(K_1gt):盆地中均有分布,分布于盆地底部,为一套河湖相沉积岩夹少量火山碎屑岩、基性或中性熔岩。岩性主要为暗紫色、紫红色、黄绿色、灰绿色砂砾岩、中粗粒粉砂岩、凝灰质砂岩、粉砂岩与页岩互层,上部夹有英安质角砾凝灰岩、流纹质晶屑玻屑凝灰岩。与下伏地层呈不整合接触,厚度为41～1176m。

朝川组(K_1cc):岩性为流纹质晶屑玻屑凝灰岩、流纹质玻屑凝灰岩与砂岩、凝灰质粉砂岩、粉砂岩。在山门、泰顺、矾山等不同的盆地岩性岩相变化较大,厚度为881～1083m

小平田组(K_1xp):岩性为英安质玻屑熔结凝灰岩、流纹质晶屑玻屑熔结凝灰岩、浅紫灰色英安质熔结凝灰岩、流纹质玻屑凝灰岩,常见流纹岩或球泡流纹岩。形成了雁荡山秀丽的风景地貌,厚度为500～2029m。

3. 第四系(Q)

更新统(Qp):山地丘陵区岩性主要为灰黄色与浅棕黄色砂砾石、含砾粉砂土、粉砂质黏土等,厚度为数米至几十米;滨海平原区岩性主要为砂砾石、砂、粉砂及粉质黏土、黏质粉土等。地层厚度为30～149m。

全新统(Qh):山地丘陵区岩性主要为灰黄色、黄褐色、灰色等杂色砾石、砂砾石、含砾砂土、粉细砂、粉质黏土及黏土等,厚一般为2～6m,局部达13m;滨海平原区岩性为灰色、青灰色、蓝灰色淤泥质黏土,间夹粉细砂,有时地表层为黄褐色黏土、粉质黏土,厚度为2～65m。

二、侵入岩

浙东南岩浆活动十分强烈，侵入活动以燕山晚期为主，尤以斜贯本区中部的北东-南西向条带最为集中。岩性以中酸性、酸性、超酸性为主。大小岩体180余个，最大面积为60km²，绝大部分小于1km²。岩体呈岩株、小岩株及岩枝状产出，并具侵入浅、剥蚀不深、蚀变类型简单的特征。根据岩体侵入围岩的最新地质时代、岩体间的相互穿插关系、构造控制及相邻区域的对比等因素的综合分析，区内侵入岩的侵入期数划分为4期。由老至新为：第一期以中性的闪长岩、闪长玢岩、石英闪长岩为主，石英二长岩次之；第二期以酸性的花岗岩类为主，次为中酸性花岗闪长岩等；第三期以超酸性—酸性钾长花岗岩为主，次为偏碱性的石英正长斑岩；第四期以超酸性—酸性的钾长花岗岩、钾长花岗（斑）岩为主，次为偏碱性的石英正长斑岩、中酸性的石英二长斑岩等。

三、地质构造

浙东南主要构造类型为断裂构造，褶皱不发育。从区域上看，有4条深大断裂通过本区，即北北东向的温州-镇海大断裂、北东向的泰顺-黄岩大断裂、北西向的淳安-温州大断裂、北西向的松阳-平阳大断裂。一般断裂主要有北东向断裂、北西向断裂、南北向断裂及东西向断裂。

中生代以来浙东南处于环西太平洋活动大陆边缘，由于太平洋板块向欧亚板块俯冲，强烈的构造运动和火山喷发活动形成众多的断裂构造和火山构造洼地，在早白垩世早期形成磨石山群巨厚的火山沉积岩，早白垩世后期形成永康群的河湖相及火山碎屑岩地层，与此同时伴有不少岩体的侵入。岩性主要特征是软硬差异较大，岩层普遍软硬相间，区域差异也大。燕山晚期构造活动强烈，挽近期地壳以整体缓慢抬升为主，差异沉降不强烈，地壳基本稳定。

第四节 地质灾害的特点

一、滑坡特征

滑坡为浙东南主要突发性地质灾害灾种，“十三五”期间，温州全市共有滑坡隐患点948处，占所有突发性地质灾害点的60%。20世纪80年代以来，由滑坡造成的死亡人数达89人，直接财产损失约6200万元，占突发性地质灾害造成损失的65%。滑坡是研究区常见的地质灾害类型。根据“除险安居”三年行动期间948处滑坡的统计结果，研究区内滑坡具有以下特征。

1. 小型堆积层(土质)滑坡居多

所统计的数据中，约52%为堆积层(土质)滑坡，4%为岩质滑坡，44%为变形体滑坡。

堆积层(土质)滑坡主要为残坡积层滑坡，由基岩风化壳、残坡积土等构成，为浅表层滑动，约占82%；其余为崩塌堆积体滑坡、崩滑堆积体滑坡、人工弃土滑坡，约占18%。滑坡体表层多为残坡积层，厚度一般小于2m，下伏基岩多为火山岩风化产物，厚度一般小于5m，多在1～3m间。前缘切坡后，受降雨作用，主要为表层残坡积层和全风化基岩沿强风化基岩面滑动，故滑坡体厚度一般小于7m，为浅层滑坡。横向宽度一般在5～20m间，纵向长度一般在5～10m间，滑坡规模一般在100～1000m^3间，小于5000m^3的滑坡约占滑坡总数的95.5%(表3-3)。

表3-3 滑坡规模与数量关系统计表

规模/$\times10^4m^3$	≤0.05	0.05～0.1	0.1～0.5	0.5～1	1～2	2～5	5～10	≥10
数量/处	472	285	148	26	8	5	3	1
比例/%	49.8	30.1	15.6	2.7	0.8	0.5	0.3	0.1

2. 滑坡危害大

研究区内滑坡规模虽然一般较小，但危害较大，往往造成人员伤亡和财产损失，原因如下。

一是区内“七山一水二分田”的格局导致切坡现象普遍，民房距离边坡坡脚较近，受经济能力制约，切坡多无支护，一旦失稳，往往造成房屋破损或人员伤亡。据统计，所发生的滑坡有82%造成了财产损失，6%造成了人员伤亡。如2016年9月15日，永嘉县桥头镇闹水坑村发生山体滑坡，滑坡冲毁下方一幢民房(图3-3)。

二是高位滑坡易引发次生灾害，如坡面泥石流易造成人员伤亡。部分陡坡坡顶一带风化层较厚，部分斜坡中上部有公路弃渣堆积，受强降雨作用，易发生滑坡，由于所处位置较高，能量较大，且位于冲沟(或负地形)地段，如果下方有建筑分布，往往造成人员伤亡和财产损失。如2016年9月28日18时10分，第17号台风“鲇鱼”导致文成县双桂乡宝丰村三条碓上游发生滑坡，滑体冲至沟道中形成泥石流，造成6人死亡，直接经济损失达300万元(图3-4)。

图3-3 永嘉县桥头镇闹水坑村滑坡

图3-4 文成县双桂乡宝丰村滑坡引发泥石流

3. 不同地层滑坡皆有分布

对滑坡所在地层岩性进行统计分析，结果见图3-5，馆头组(K_1gt)占统计总数的17.72%、朝川组(K_1cc)占统计总数的24.62%、小平田组(K_1xp)占统计总数的9.03%、西山头组(K_1x)占统计总数的16.07%、高坞组(K_1g)占统计总数的3.83%、侵入岩占统计总数的26.47%。区内滑坡主要发生在馆头组(K_1gt)、朝川组(K_1cc)、西山头组(K_1x)和侵入岩中,占统计总数的84.88%。

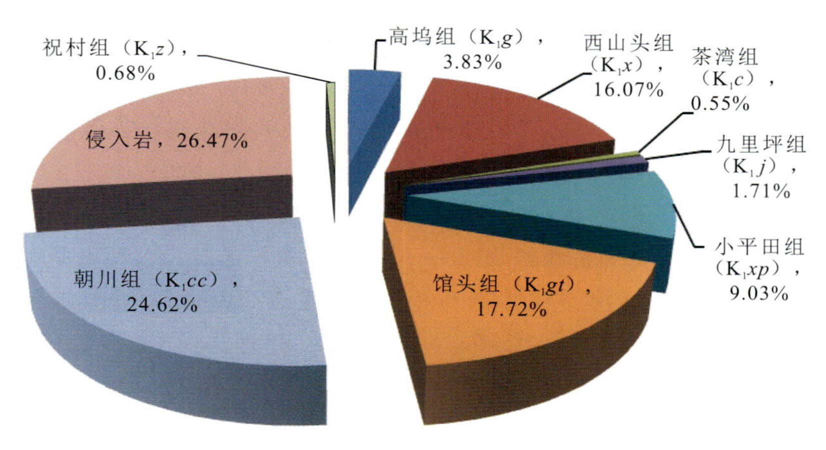

图3-5 不同地层滑坡分布情况

4. 工程滑坡居多

浙东南多为低山丘陵区,社会经济较发达,造成用地紧张;人类活动较强烈,主要是切坡建房、交通、水利等基础工程建设和毁林垦植等。区内地质灾害的发生多与人类工程活动有关,滑坡约96%为工程滑坡,主要表现在以下几个方面。

山区切坡建房现象较普遍,且多无支护,易发生滑坡。区内交通发达,新建的温福铁路、G15高速公路及复线、104国道、S78省道改扩建及通村工程等形成大量的人工边坡,除高速公路和新近建设公路有支护外,其余多无支护,易失稳。另外,部分废弃渣土处理不当,易发生滑坡形成坡面泥石流。少数水利设施正在建设中,低山丘陵区的水库和渠道一般是依地势绕坡建造,渠水的渗压作用以及渠道坡体防渗加固不够,常诱发滑坡。

区内自然滑坡数量较少,约占滑坡总数的18%,多为高位滑坡,由强降雨引发,易演变为次生灾害——坡面泥石流。浙东南滑坡诱发因素统计如图3-6所示。

5. 滑坡主要由降雨诱发

区内滑坡主要由特大暴雨诱发且成群出现,发育历时短,多数发生前无前

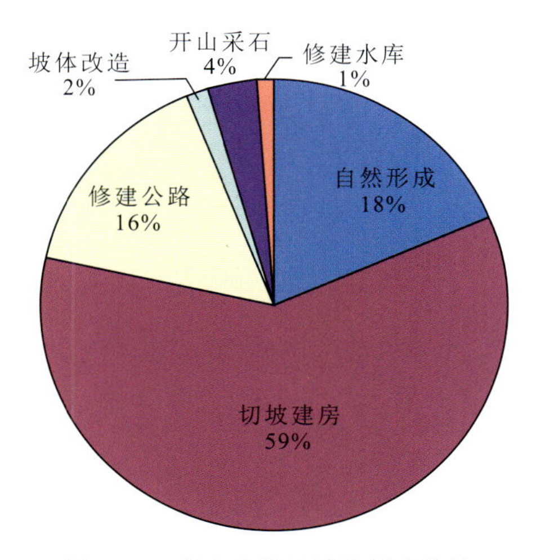

图 3-6 浙东南滑坡诱发因素统计

兆。如 1999 年 9 月 4 日特大暴雨诱发的滑坡占滑坡总数的 70.4%,这些滑坡在滑动前无任何迹象,而暴雨后却成群出现,使滑坡防治难度大大增加。

规模较大的土质滑坡多处于蠕滑状态,如坑口塘水库滑坡、桐溪滑坡等,前者在新中国成立前就已滑动,后者在 20 世纪 50 年代就已滑动,只有在大暴雨或特大暴雨时才有少量位移。

以 1999 年 9 月 4 日洪灾为例,区域上地质灾害点多发生在暴雨等值线的中心区域,并且是群发的,随雨量增大而增多,灾害点的分布具有明显的方向性,沿雨强的长轴方向展布。据最大 3 小时、1 小时降雨曲线和地质灾害点分布情况,该次暴雨诱发的地质灾害点主要分布在最大 1 小时降雨量期间(图 3-7)。

二、崩塌地质灾害特征

崩塌是浙东南地区主要突发性地质灾害类型之一。2018 年前,浙东南共有地质灾害点 1578 处,崩塌 335 处,占总数的 21.23%,崩塌造成一定的人员伤亡和财产损失,给当地居民生产生活造成了影响。

崩塌是浙东南常见的地质灾害类型之一。根据“除险安居”三年行动期间 335 处崩塌的统计结果,区内崩塌具有以下特征。

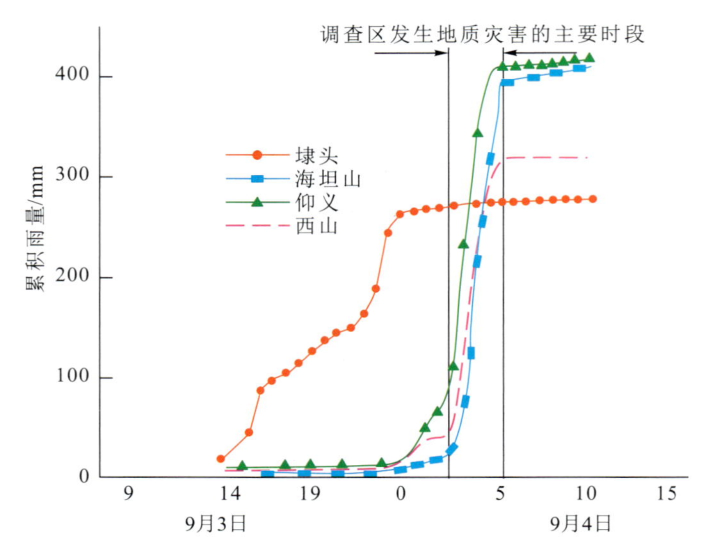

图 3-7 浙东南代表站逐时雨量累积曲线与地质灾害发生时段关系图

1. 均为岩质崩塌

浙东南地区的崩塌有两类：一类为自然陡坡或陡崖发生的崩塌，坡度一般大于45°，构造节理、原生柱状节理发育，岩体较破碎或受不利结构面控制，或陡坡上发育有突出的危岩体；另一类主要为道路、建房以及采石等人为工程开挖形成的高陡岩质边坡，边坡上岩体破碎，顺坡节理、卸荷裂隙等不利结构面发育。

2. 规模小

崩塌多发生于人工岩质边坡和自然陡坡之上。不合理开挖使得边坡高差大、坡度陡、一坡到顶，因岩性主要为火山岩和侵入岩，坡体节理、风化裂隙、爆破裂隙发育，岩体破碎。虽然边坡的整体稳定性好，但可能发生滑移式、坠落式等小规模的崩塌、掉块，体积一般小于1000m^3。自然陡坡上的岩体主要受构造、不利结构面控制，形成危岩体，体积一般在1000～5000m^3之间。因此，区内崩塌具有规模小的特点。

3. 致灾能力强

由于土地无法满足生产生活的需要，人们对山体进行开挖，形成高陡的人工边坡，坡脚下部有车辆、行人、民房、厂房等，即使边坡发生小规模的崩塌、掉块，也可能造成重大人员伤亡和财产损失。此外，自然陡坡上部崩塌隐患体地形陡峻，易形成奇峰、异洞、怪石、陡壁，常为旅游景点，一旦发生崩塌，必然导致严重伤亡。因此，崩塌虽然规模较小，但具有突发性、危害大、致灾害能力强的特点，难以防范。

三、泥石流特点

1. 地域分布特征

浙东南山区各主要县、市（区）均分布有泥石流，从数量和分布密度来看，由南向北，泥石流灾害呈递增趋势（表 3－4）。南部的各个县、市（文成县、泰顺县、苍南县、平阳县和瑞安市）泥石流分布较为平均，分布密度多在 0.6～0.8 处/（100km^2）之间；中部的温州市区（包括鹿城区和瓯海区，龙湾区的山地面积小，无泥石流分布）泥石流分布密度居中，主要在西侧的瓯海区分布较多；瓯江以北的乐清市和永嘉县分布泥石流沟最多，分别分布有 47 处和 65 处，分布密度分别达 4.0 处/（100km^2）和 2.4 处/（100km^2），两县市泥石流之和占浙东南山区泥石流总数的 64%，无论是分布数量还是分布密度都是浙东南山区泥石流之最。

表 3－4　浙东南山区各县、市泥石流分布统计表

县（市、区）	沟谷泥石流/处	坡面泥石流/处	总数/处	占比/%	分布密度/[处/（100km^2）]
乐清市	27	20	47	27	4.0
瓯海区	10	2	12	7	2.6
永嘉县	51	14	65	37	2.4
文成县	3	7	10	6	0.8
苍南县	7	0	7	4	0.6
泰顺县	12	2	14	8	0.8
瑞安市	2	8	10	6	0.8
平阳县	3	4	7	4	0.7
鹿城区	3	0	3	2	1.0
合计	118	57	175	100	1.5

2. 地貌条件与泥石流分布的关系

(1)泥石流集中分布于浙南中山区。浙南中山区地势陡峻，山体高差变化大，沟谷切割明显，流水侵蚀作用强烈，谷坡陡峭。由于具备上述地貌特征，该地貌区域沟谷多处于发展期或活跃期，物质输移能力强，泥石流发育较为密集，总共发育有152处泥石流。浙东南沿海丘陵和岛屿区地势相对低缓，泥石流分布明显少于浙南中山区，共分布有23处泥石流。

(2)泥石流主要分布于小流域溪沟的两侧支沟。按照水利部门的划分方法，山区小流域面积多介于10～50km^{2}之间，最大的一般不超过200km^2。对于小流域主沟及其主要支沟(汇水面积大于2km^2)而言，尽管汇水面积较大，但多为宽谷型溪沟，平均纵比降一般小于100‰，甚至小于50‰，因此以碎石土为主的粗颗粒泥石流物质在进入这类主沟后大多停积于平缓谷底，仅有少量细颗粒物质随洪水运动，即使局部地段形成泥石流，也可能被冲淡稀释而转化为洪水或高含砂洪水。

相较于小流域主沟及其主要支沟，分布泥石流的沟谷多为此类溪沟的两侧支沟，其具备两个特征。

其一，汇水面积较小。由表3-5可以看出，浙东南山区沟谷泥石流的汇水面积绝大多数介于0.01～2km^{2}之间，有接近79%介于0.01～1km^{2}之间。小于0.01km^{2}的冲沟，其沟谷形态已不明显，多为负地形或微型沟，以坡面泥石流为主；大于2km^{2}的沟谷，其纵比降一般小于100‰，不具备产生泥石流的动力条件。

表3-5 浙东南山区沟谷泥石流汇水面积统计表

汇水面积/km^2	0.01～0.1	0.1～0.5	0.5～1	1～2	>2
沟谷泥石流/条	14	48	31	23	2
占比/%	12	41	26	19	2

其二，纵比降较大。由图3-8可以看出，浙东南山区沟谷泥石流的纵比降有90%以上介于100‰～500‰之间，其中200‰～400‰之间的泥石流占50%以上。如前所述，纵比降太小(小于100‰)一般为流域主沟，势能不足以启动泥

石流；而纵比降过大（大于500‰），物源区的残坡积等松散土石无法大量积聚，因此泥石流也发育较少。

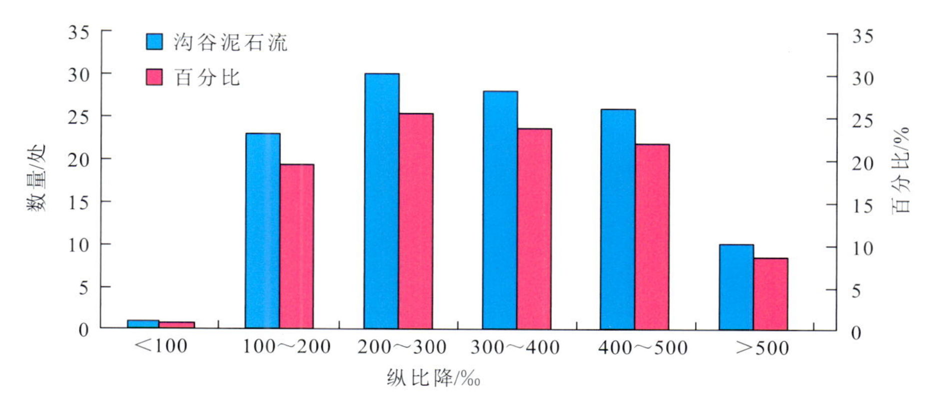

图3-8　浙东南山区沟谷泥石流纵比降统计图

由以上分析可知，主沟两侧的小型支沟由于较大的纵比降和一定的汇水面积而成为本区域泥石流的主要发生区域。而对于汇水面积相对较大的主沟（大于1km²），必须同时具备两个条件才会发生沟谷泥石流：其一是必须具备一定的纵比降（大于100‰），其二是多条支沟同时爆发泥石流或大面积斜坡失稳并汇聚到主沟，形成大量物源以启动主沟的泥石流，否则一般难以启动主沟泥石流。

（3）泥石流与地形高差的关系。由表3-6可以看出，94%的沟谷泥石流的地形高差均在200m以上，300～700m高差范围泥石流最为发育，占78%。相比较而言，表3-7所示的坡面泥石流的高差相对集中于50～300m，这个高程范围的坡面泥石流占总数的83%。这两组数据说明沟谷泥石流和坡面泥石流相对集中分布于不同高差的山体，启动沟谷泥石流需要相对更大的势能，而坡面泥石流所需的势能相对较小，更易形成。

表3-6　浙东南山区沟谷泥石流地形高差统计表

高差/m	<100	100～200	200～300	300～400	400～500	500～600	600～700	>700
沟谷泥石流/处	1	6	11	20	28	21	22	9
占比/%	1	5	9	17	24	18	19	7

表 3-7 浙东南山区坡面泥石流地形高差统计表

高差/m	<50	50～100	100～200	200～300	300～400	400～500	>500
坡面泥石流/处	3	11	26	10	3	3	1
占比/%	5	19	46	18	5	5	2

(4)泥石流与谷坡坡度的关系。由图 3-9 可以看出,坡度为 30°～40°的斜坡最易发生失稳形成(沟谷和坡面)泥石流。有 78%沟谷泥石流的谷坡介于这个坡度范围,有 74%坡面泥石流的谷坡介于这个坡度范围。统计结果与实际调查结论基本一致,容易发生小滑塌和坡面泥石流的地形坡度在 25°～45°之间,30°～40°之间最易发生。这主要是由于介于这个坡度区间的斜坡面状侵蚀最为强烈,松散堆积物处于临界平衡状态或不稳定状态,稍加外力或在自重作用下,便能向坡下运动而聚集于沟床内,即坡面上处于临界平衡状态的堆积物,在有足够的水源时,便直接形成泥石流物源。区内残坡积物厚度一般较小,当坡度较缓时,没有足够的势能,坡表物质不易被冲刷,难以形成泥石流物源;坡度继续增大,往往是基岩裸露,面状侵蚀减弱,也难以形成泥石流物源。

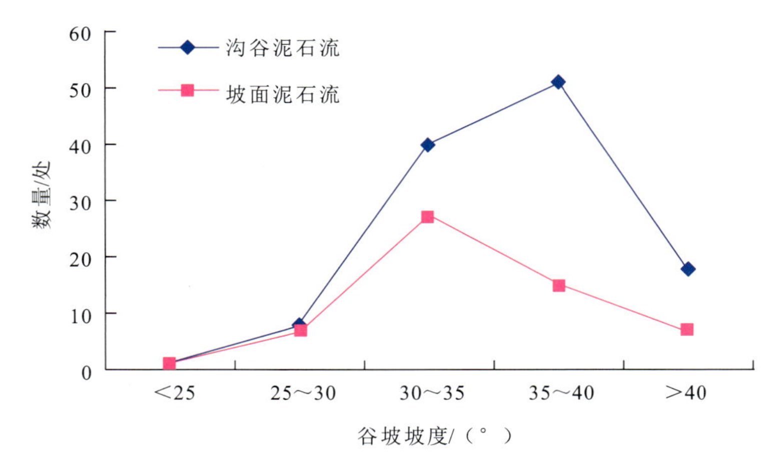

图 3-9 浙东南山区泥石流与谷坡坡度的关系图

3. 泥石流与地层岩性的关系

研究区位于华南地层区,区内分布的前第四纪地层以下白垩统磨石山群和永康群为主，局部出露燕山晚期侵入岩和潜火山岩。由表3－8可以看出，区内泥石流分布与地层岩性具有较大的相关性。以凝灰质碎屑岩为主的岩组（Hs）是研究区泥石流最为发育的工程地质岩组，共分布有65处沟谷泥石流和31处坡面泥石流，占全区泥石流总数的55%；以花岗岩为主的酸性岩岩组（Qg）是全区泥石流分布数量第二的工程地质岩组，共分布有34处沟谷泥石流和16处坡面泥石流，占全区泥石流总数的29%，考虑到该岩组出露面积远小于以凝灰质碎屑岩为主的岩组，其泥石流分布密度是全区最大的。

表3－8　浙东南山区泥石流与地层岩性关系统计表

序号	工程地质岩组名称（代号）	地层代号	沟谷型/处	坡面型/处	合计/处	占全区比例/%
1	以砂类土为主的岩组（ST）	Q^{dl}、Q^{el}、Q^{ml}	1	3	4	2
2	以凝灰质碎屑岩为主的岩组（Hs）	K_1x、K_1g、K_1xp	65	31	96	55
3	以粉砂岩、泥岩为主的细碎屑岩岩组（Sf）	K_1cc、K_1gt、K_1j	10	6	16	9
4	以流纹岩为主的酸性岩岩组（Rr）	K_1j	5	0	5	3
5	以辉绿岩为主的基性岩岩组（Rb）	$\beta\mu$	3	1	4	2
6	以花岗岩为主的酸性岩岩组（Qg）	$\gamma\pi$、$\lambda\pi$、$\zeta\mu$、$\upsilon\pi$、$\xi\mu$	34	16	50	29

除以上岩组以外，本区的其他工程地质岩组泥石流不甚发育。如以流纹岩为主的酸性岩岩组（Rr）和以辉绿岩为主的基性岩岩组（Rb），由于分布面积不大，发育的泥石流也较少；而以粉砂岩、泥岩为主的细碎屑岩岩组（Sf），由于其出露的以粉砂岩为代表的沉积岩抗风化能力较弱，在风化过程中剥蚀下来的砂土不断被流水冲刷剥蚀，所形成的山体多为低矮的浑圆状山体，沟谷较为平缓，地貌发育阶段多以老年期沟谷为主，发育的泥石流也较少。

第五节 地质条件与地质灾害

根据地质条件及其形成机制划分，对频发或有重大影响的地质灾害发生情况分类介绍案例，总结区内地质灾害发育规律。

1. 断裂构造、古滑坡区易发地质灾害

不论是丽水市遂昌县苏村崩塌（高位滑坡）、莲都区里东滑坡，还是温州市文成县玉壶镇外村，乐清柳市镇前窑、东岙，平阳鳌江镇荆溪山山外、龙山、东明等滑坡，均显示与构造带或断裂构造相关。因断层、岩浆岩侵入作用（岩脉），岩体不规则破碎，裂解松动，在不利的自然地形条件下，如中低山区高耸地形区、低山丘陵河谷切割强烈区，或受工程建设、治理不当影响[如切坡（治理削坡）、加载作用]，坡体失去平衡，出现强烈变形迹象，在强降雨作用下发生滑坡。因大中型滑坡或崩塌体量大，其前兆与变形过程也会持续比较长的时间，且前缘会反复发生局部性失稳情况，如小崩小滑等。此种情况在地名或地方志上都会有所记载，如遂昌县苏村的“破崩坛”、文成李夏村的“沉山、涨山”，青田北山镇移迁安置地“泉山”等。

2. 花岗岩类区易发地质灾害

花岗岩中的斑岩花岗岩和二长花岗岩都属于易风化岩类，受构造影响，其袋状风化往往比较深厚，风化层表浅部多孤岩，原地排列石芽，底伏全风化岩、强风化岩，坡面多滚石堆积，坡麓富集滚石或堆积层，冲沟或坡谷多崩坡积、洪积和泥石流堆积物，堆积层厚度大。花岗岩堆积物颗粒多为中粗砂，其黏结性差，结构较松散，易受山洪冲刷携带和翻滚。中基性岩类风化物呈粉质土状，在饱水及被冲刷情况下，其力学性质极差，即便是低缓山坡也易发生滑坡、泥石流灾害。据以往统计，此类环境往往成为泥石流灾害高、极高易发区，人类工程活动（山区道路建设等）极易引发滑坡，进而引发泥石流。花岗岩类区易发地质灾害，如平阳县鳌江镇荆溪山易发滑坡和崩塌；龙西乡、仙溪镇之间的高尖头山泥石流易发频发，分布多条典型的老泥石流沟（如龙西乡上山村、仙人坦村老泥石流沟）。基性岩类区易发地质灾害，如双桂乡桂溪流域为滑坡、泥石流频发区，也是小流域泥石流灾害高危险隐患区，其中以宝丰村泥石流灾害为代表，其高位陡斜坡风化层深厚，公路切坡引发滑坡，冲沟汇水引发泥石流。

3. 蚀变侵入岩类易发地质灾害

浙东南地区有较大影响的地质灾害"四大山"，分别为地处永嘉县的屿塘山、鹿城区的杨府山、龙湾区的天马山和平阳县的荆溪山，除平阳荆溪山为花岗岩区，其余都属火山热液蚀变岩区。其中，屿塘山与杨府山岩性均为英安玢岩、潜火山岩，顶部为硅化、绢云母化、高岭土矿化蚀变岩(硅帽)，孕育了独特的工程地质单元，其他特点还有风化层深厚，风化极不均匀。最为典型的是上部蚀变岩呈块裂状，或岩体裂解、裂隙夹土，或岩体呈残留体状，底部、接触带上原岩全风化、强风化，尤其是全风化层发育，多饱水，作为粉质土，山体具缓变塑性变形条件，一旦形成边坡或地形陡坡，便易出现变形、滑坡，而且因风化深度极大，排水条件差，治理难度往往也大，这种情形以屿塘山为典型代表。

4. 强降雨引发高位陡斜坡浅层滑坡及衍生泥石流

据以往统计，发生滑坡区松散层(残坡积土及全、强风化岩)厚度多在0.5～3m之间，坡度多在30°～38°之间，且滑坡多发生在斜坡头肩处，一是因地形由陡变缓，二是因冲沟或负地形溯源处，前缘(或沟源)地形由陡变缓，土层由薄变厚，加之沟谷有断层通过的不良影响，其工程地质条件或稳定性处于转折、变化部位，综合孕灾条件为高位坡陡、松散层较厚地段。如果坡麓或下方斜坡相对缓、坡谷有大量堆积土、汇水量大，则极易引发坡面或冲沟泥石流，历次强台风暴雨中因此原因引发的滑坡或坡面泥石流地质灾害比比皆是，一次强台风暴雨影响过后，山体上往往表现为"鬼剃头"或"癞痢头"群发性特征。

5. 强降雨集中或较大汇水冲刷侵蚀引发堆积土滑坡及坡面泥石流

高大陡斜坡，尤其是陡崖、悬崖，预示着下方坡麓有堆积碎石土(以坡积、崩坡积为主)，上方(基岩区)地势高、汇水范围较大，雨水汇流集中，冲刷力强，从而引发滑坡，滑坡堵塞下方或旁侧冲沟，堵塞物溃决导致洪水引发泥石流灾害，典型灾害点有永嘉县瓯北镇箬岙底泥石流、文成县峃口飞云江两岸坡面泥石流等。

以上坡面型高位滑坡及其衍生坡面泥石流一般发生于自然状况下，灾害隐蔽性强、突发性强、监测预警难度大，对坡脚或沟口建(构)筑造成毁灭性灾难为主要特征。此类地质灾害防治难度也极大，危险性极高，至今没有很好的工程性或监测预警性管控办法，最好的办法是掌握规律、科学识别，按气象预警提前进行人员避让。

6. 过沟公路边坡或路基和工程场地(弃渣)滑坡及衍生泥石流灾害

沟谷或负地形处，往往预示着地质条件差，表现为土层厚、汇水集中、地下水丰富，边坡或回填路基往往是工程病害区，易发生滑坡；除冲沟本身汇水外，公路沿线截排水也会大量汇入，从而导致滑坡在暴雨山洪裹挟下引发冲沟泥石流或负地形处的坡面泥石流灾害。如乐清“利奇马”台风期多起公路路基滑坡引起冲沟泥石流。

7. 冲沟发生泥石流

中低山区流域面积 0.3～4km^2、纵比降大于 6.5%的冲沟沟谷及沟口易发生泥石流。山区局地发生短历时强降雨，一种是引发斜坡群发性小滑坡，其物源分散，形成高含砂山洪，进而带动沟谷与沟口内冲洪积物、泥石流堆积物，冲刷、挤占沟岸和沟床的建(构)筑物，从而形成泥石流；另一种是近沟口或中下游局地发生滑坡，上游山洪引发泥石流。

8. 较大溪流河谷发生灾害链

流域面积达 15km^2 以上、中低山区溪谷、纵比降小且溪谷较宽冲沟，绝大多数情况下，已不易引发泥石流灾害，狭谷一次小规模滑坡坐滩也不易直接堵塞冲沟。但若村庄修建于一个滩地凸岸上，设防水位极低，不论是上游还是下游发生滑坡，都有可能造成短历时洪水位急剧变化，进而导致严重的洪冲破坏或淤积毁损。如于 2019 年“利奇马”台风期发生的永嘉县岩坦镇山早村灾害。

9. 高耸陡峭山崖高位崩塌引发狭谷泥石流

中低山区，尤其如雁荡山，山峰耸立、悬崖密布，两岸高陡斜坡地质构造情况复杂，属崩塌地质条件具备区，突发一次崩塌地质灾害势能大，加之狭谷汇水集中且易堵塞，易引发泥石流灾害。

浙东南驻县进乡体系

第一节　驻县进乡工作组织体系

浙江省驻县进乡工作由浙江省自然资源厅主导，浙江省地质勘查局组织实施，执行《浙江省地质灾害防治千名地质队员驻县进乡行动实施方案》(浙自然资函〔2020〕43号)、《千名地质队员驻县进乡行动实施细则》(浙地勘发〔2021〕35号)两个文件。按两个文件精神和要求，作为具体执行单位，浙江省第十一地质大队建立了驻县进乡工作组织体系。

一、组织机构与职责

浙江省地质勘查局浙地勘发〔2021〕35号文，要求十一队成立领导小组，领导小组下设办公室、专家组、工作组、专业监测组、后勤保障组、安全保障组、宣传报道组、车辆保障组和纪律监察组，由领导小组统一领导、组织、协调队内驻县进乡工作，大队长为第一责任人，任领导小组组长，制订责任清单，明确领导小组成员、工作机构和驻县进乡地质队员的工作职责；分管领导(总工程师)是直接责任人，负责驻县进乡行动的统筹协调和组织实施，作为浙江省地质勘查局组织的驻县进乡行动技术专家组成员，研究解决技术难题，指导驻县进乡工作小组工作；其他队级领导任副组长，分别作为各县(市、区)联系人，具体负责落实责任区域各项工作推进。

由十一队浙东南驻县进乡组织机构与相关职能见表4－1。总工程师落实各县(市、区)服务责任单位和领导小组内的牵头领导，由责任单位进一步明确片区负责人(联系人)和各小组负责人及成员，由十一队总工程师统一组织安排，各责任单位或县(市、区)联系人具体负责落实责任区域各项工作推进。地质队员覆盖温州市域所有重点防治县(市、区)和一般防治县(市、区)，平稳有序推进驻县进乡工作。驻县进乡工作小组人员情况详见表4－2、表4－3。

表4-1 浙东南驻县进乡组织机构与相关职能

机构	人员组成	职能
领导小组	队长为组长，其他班子成员为副组长	负责全队驻县进乡工作的组织、指导，以及与各级自然资源主管部门、当地政府的沟通、协调
办公室	由总工办主任兼任组长	负责传达驻县进乡领导小组命令并监督落实
专家组	组长为大队总工程师，其他成员由大队专家委员会相关人员组成	负责驻县进乡工作的技术指导和技术支撑
工作组	组长为各片区负责人，其他成员为相关技术人员	负责履行"专业调查、风险排查、应急处置、教育培训、信息报送"等职责，提高所驻乡（镇、街道）地质灾害防治工作思想认识，提升地质灾害防治工作能力水平
专业监测组	由测绘相关技术人员组成	负责应急调查点的无人机航拍及现场监测工作
后勤保障组	由大队后勤科科长兼任组长	负责应急物资、机具、材料、资金的落实和分配
安全保障组	由大队安卫科科长兼任组长	负责驻县进乡人员安全设备的保障和人员安全教育等
宣传报道组	由大队办公室主任兼任组长	负责对驻县进乡工作的宣传和相关信息、数据的报送工作
车辆保障组	由车队相关人员组成	负责对驻县进乡工作车辆的安排和落实
纪律监督组	由大队纪检监察室主任兼任组长	负责对各有关部门在驻县进乡、地质灾害防治、救灾抢险等各项工作中履职尽责情况的监督检查

表 4-2 温州市驻县进乡地质灾害防治工作任务总表

工作片区	负责单位	牵头领导	责任单位	片区负责人	成员	所属乡镇		重点防范区	一般防范区	以外区域	备注
瓯海区★	浙江省第十一地质大队	***	自然资源调查院	***	***、***	重点乡镇	泽雅镇	37	18	/	
					、	一般乡镇	景山街道等				
				***	***、***、***	一般乡镇	茶山街道等				
乐清市★		***	地质环境调查院	***	***、***、***	重点乡镇	仙溪镇等	105	33	/	
				***	***、***、***	重点乡镇	雁荡镇				
						一般乡镇	白石街道等				
				***	***、***、***	一般乡镇	虹桥镇等				
文成县★		***	地质环境调查院	***	***、***、***	重点乡镇	珊溪镇等	60	89	/	
						一般乡镇	周山畲族乡等				
				***	***、***、***	重点乡镇	大峃镇等				
						一般乡镇	周壤镇等				
				***	***、***、***	重点乡镇	南田镇等				
						一般乡镇	铜铃山镇等				
永嘉县★		***	自然资源调查院	***	***、***、***	重点乡镇	岩坦镇等	124	90	5	
						一般乡镇	溪下乡等				
				***	***、***、***	重点乡镇	鹤盛镇等				
						一般乡镇	巽宅镇等				
				***	***、***、***	重点乡镇	金溪镇等				
						一般乡镇	乌牛街道等				

续表 4－2

工作片区	负责单位	牵头领导	责任单位	片区负责人	成员	所属乡镇		重点防范区	一般防范区	以外区域	备注
洞头区	浙江省第十一地质大队	* * *	自然资源调查院	* * *	* * *、* * *、* * *	重点乡镇	北岙街道等	9	17	1	
						一般乡镇	灵昆街道等				
龙湾区		* * *	地质环境调查院	* * *	* * *、* * *、* * *	重点乡镇	状元街道等	14	23	/	
						一般乡镇	天河街道等				
苍南县★龙港市		* * *	地质环境调查院	* * *	* * *、* * *、* * *	重点乡镇	桥墩镇等	16	143	/	
						一般乡镇	南宋镇等				
				* * *	* * *、* * *、* * *	重点乡镇	赤溪镇等				
						一般乡镇	凤阳畲族乡等				
				* * *	* * *、* * *、* * *	重点乡镇	灵溪镇				
						一般乡镇	金乡镇等				
鹿城区		* * *	地质环境调查院	* * *	* * *、* * *、* * *	重点乡镇	山福镇等	7	19	/	
						一般乡镇	丰门街道等				
泰顺县	* * *			* * *		重点乡镇					
						一般乡镇					
平阳县				* * *							
瑞安市	* * *			* * *		重点乡镇					
						一般乡镇					

注：①带★为重点县（市、区）；②每个县（市、区）第一组组长为片区负责人。

表 4-3　浙江省第十一地质大队驻县进乡服务工作累计表

<table>
<tr><td rowspan="2">牵头领导</td><td rowspan="2">责任单位</td><td rowspan="2">片区负责人</td><td rowspan="2">成员</td><td>重点县（市、区）</td><td>重点乡镇</td><td rowspan="2">重点风险防范区</td><td rowspan="2">一般风险防范区</td><td rowspan="2">风险区以外区域</td></tr>
<tr><td>5</td><td>32</td></tr>
<tr><td rowspan="2">8</td><td rowspan="2">2</td><td rowspan="2">8</td><td rowspan="2">69</td><td>一般县（市、区）</td><td>一般乡镇</td><td>386</td><td>432</td><td rowspan="2">6</td></tr>
<tr><td>4</td><td>76</td><td colspan="2">1144</td></tr>
</table>

十一队总工办建立驻县进乡地质队员信息库，并根据工作实际做好人员动态管理。驻县进乡地质队员应具备相应的地质灾害防治知识和工作能力，熟练掌握技术规范、工作流程及要求、专用设备使用等技能，并经培训且考核合格。

十一队与地级市合作，作为牵头单位负责温州市驻县进乡统筹协调工作，联合相关成员单位成立片区驻县进乡协调工作小组，负责协调片区内的地质灾害综合防治工作，及时掌握片区内人员进驻及工作进展情况，并保持片区协调工作小组成员相对稳定。

二、三级管理体系

1. 三级管理体系组成

十一队牵头负责温州全市的地质灾害防治技术服务，安排十一队领导分别与各县（市、区）对接；牵头领导下面分别设置相应责任单位，对接服务责任县（市、区）；责任单位以每个县（市、区）为单元划工作片区，每个工作片区成立 1～3 个工作小组，每个片区第一组组长为各片区负责人；最终形成大队—责任单位（院）—工作小组的三级管理体系，十一队驻县进乡组织结构见图 4-1。

2. 工作职责及内容

1）队级职责及内容

作为队级的部门管理，归口由大队总工领导下的总工办负责，工作内容如下。

（1）负责对接上级、部门合作、进行信息传达与管理工作。对接浙江省地质灾害应急与防治工作联席会议应急处置办公室和灾害防治办公室，以及浙江省地质勘查局地质勘查处驻县进乡管理服务的日常信息统计与上传下达工作；大

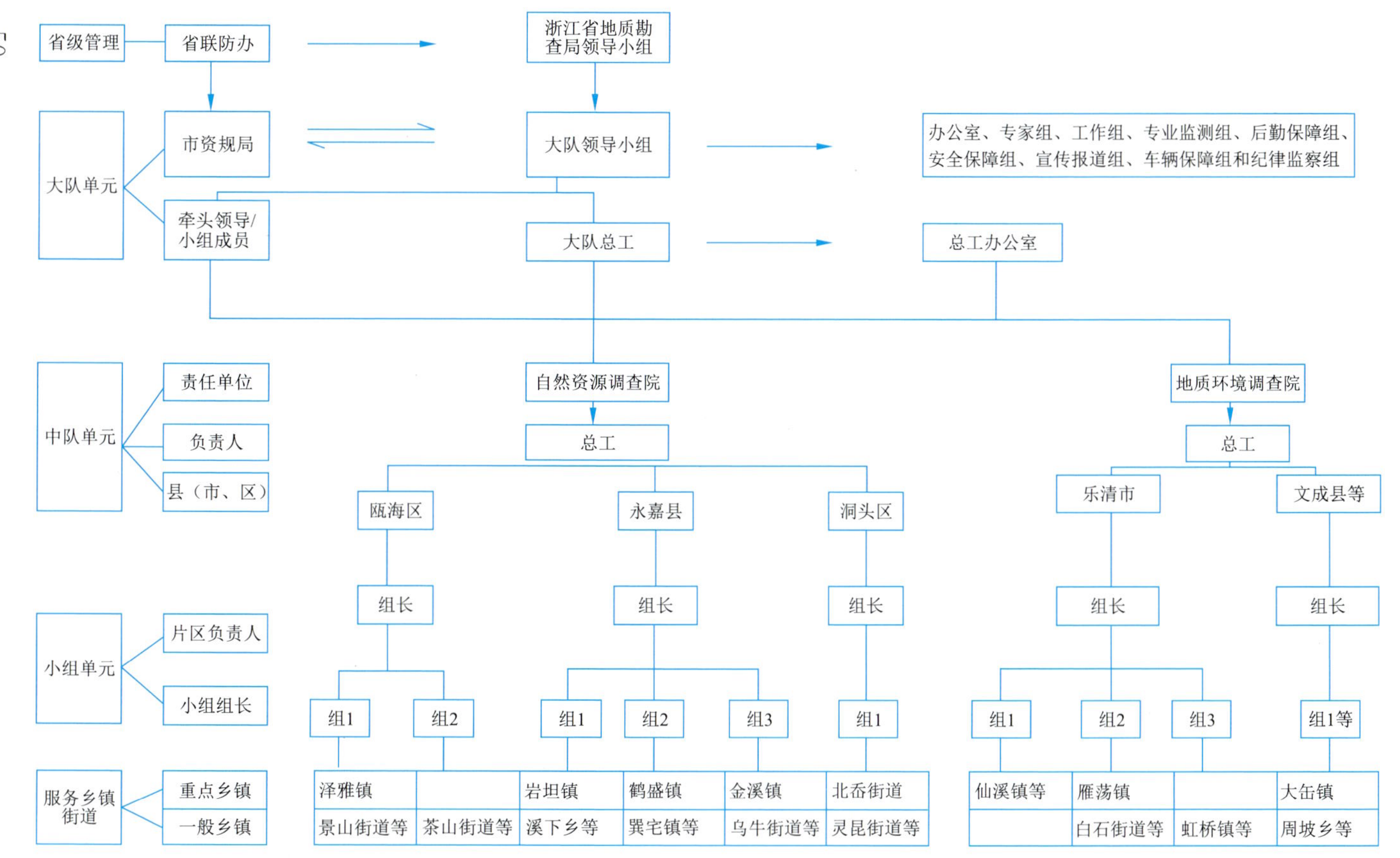

注：省联防办全称为浙江省地质灾害应急与防治工作联席会议灾害防治办公室；市资规局全称为温州市自然资源和规划局。

图4－1 十一队地质队员驻县进乡组织结构图

队作为温州市地质灾害防治技术支撑服务单位，总工办代表大队共同参与温州市自然资源和规划局地矿处的驻县进乡管理工作，负责温州市驻县进乡统筹协调工作，提供专家技术服务；代表大队与温州市多部门联合建立地质灾害气象预警服务群，及时转发温州市气象局、温州市地质环境监测站等发布的地质灾害气象与预警服务信息。

(2)负责建立驻县进乡地质队员信息库，并根据工作实际做好人员动态管理。负责开展驻县进乡地质队员的培训和考核工作，促使地质队员具备相应的地质灾害防治知识和工作能力，熟练掌握技术规范、工作流程及要求、专用设备使用等技能。

(3)作为大队总工的执行机构，行使大队责权，对各生产责任单位的驻县进乡工作进行服务、指导、监督、检查和管理。

(4)开展工作考核和执行奖罚制度等。

2)院级职责及内容

(1)负责对接服务责任县(市、区)，对牵头领导负责，以各县(市、区)为单元划分工作片区，落实工作片区工作小组及成员。

(2)部署各片区驻县进乡工作。

(3)负责提供驻县进乡日常工作数据、应急处置信息和成功案例上报等工作。

3)小组职责及内容

工作小组人员在组成上为1个专家带2个助理组成3人技术小组，指导若干群测群防员开展工作的“1+2+N”模式。驻县进乡地质队员履行“专业调查、风险排查、应急处置、教育培训、信息报送”等职责，提高所驻乡镇(街道)地质灾害防治工作思想认识，提升地质灾害防治工作能力水平。驻县队员机动在全县乡镇指导工作，进乡队员相对固定做好本乡镇地质灾害防治工作，同时视汛情及地质灾害预警情况及时调整人员布防。

第二节 驻县进乡工作流程

浙江省于2020年末初步完成了全省地质灾害风险“一张图”工作，在此基础上开展年度驻县进乡服务工作，具体工作流程如图4-2、图4-3所示。

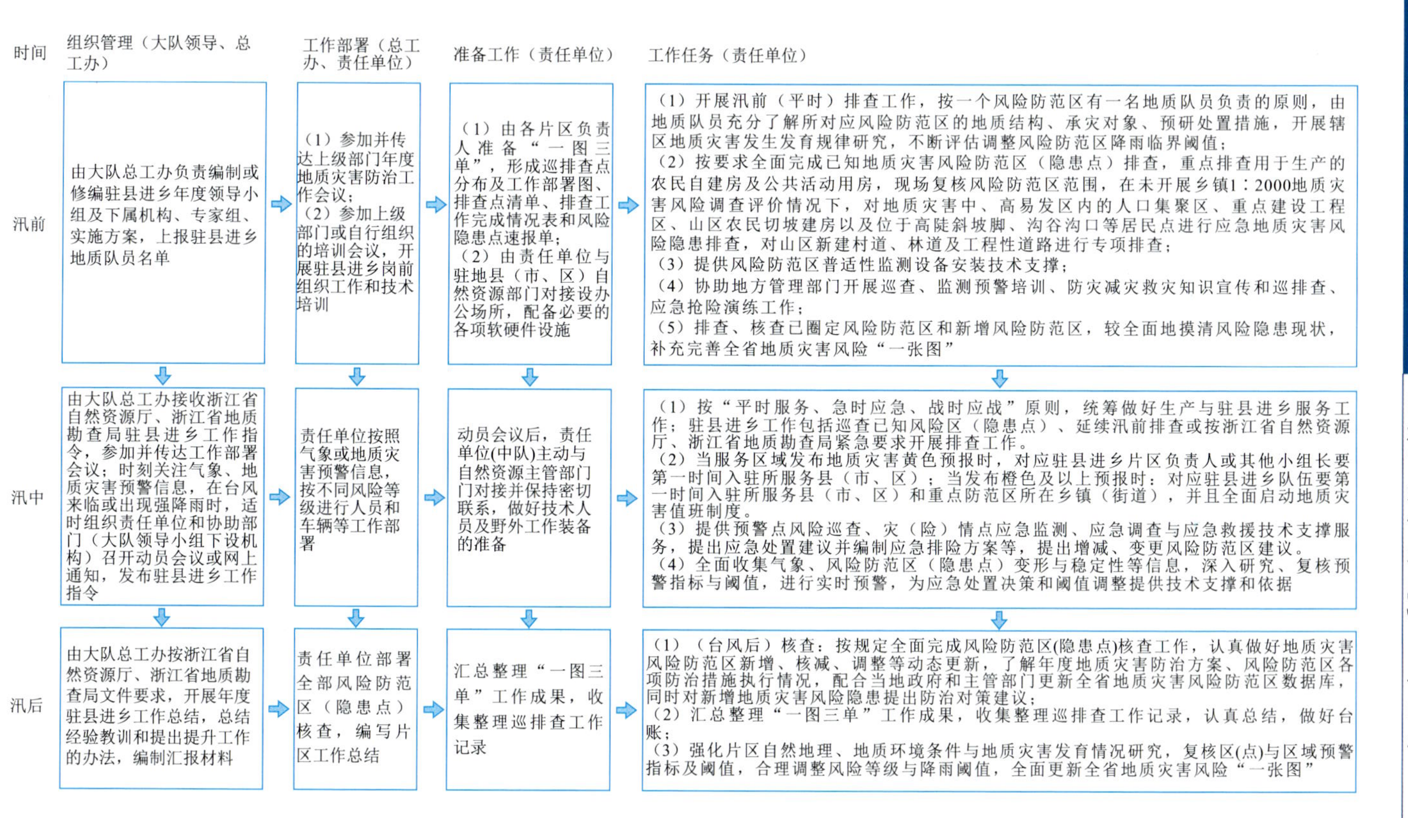

图 4－2　驻县进乡工作流程图

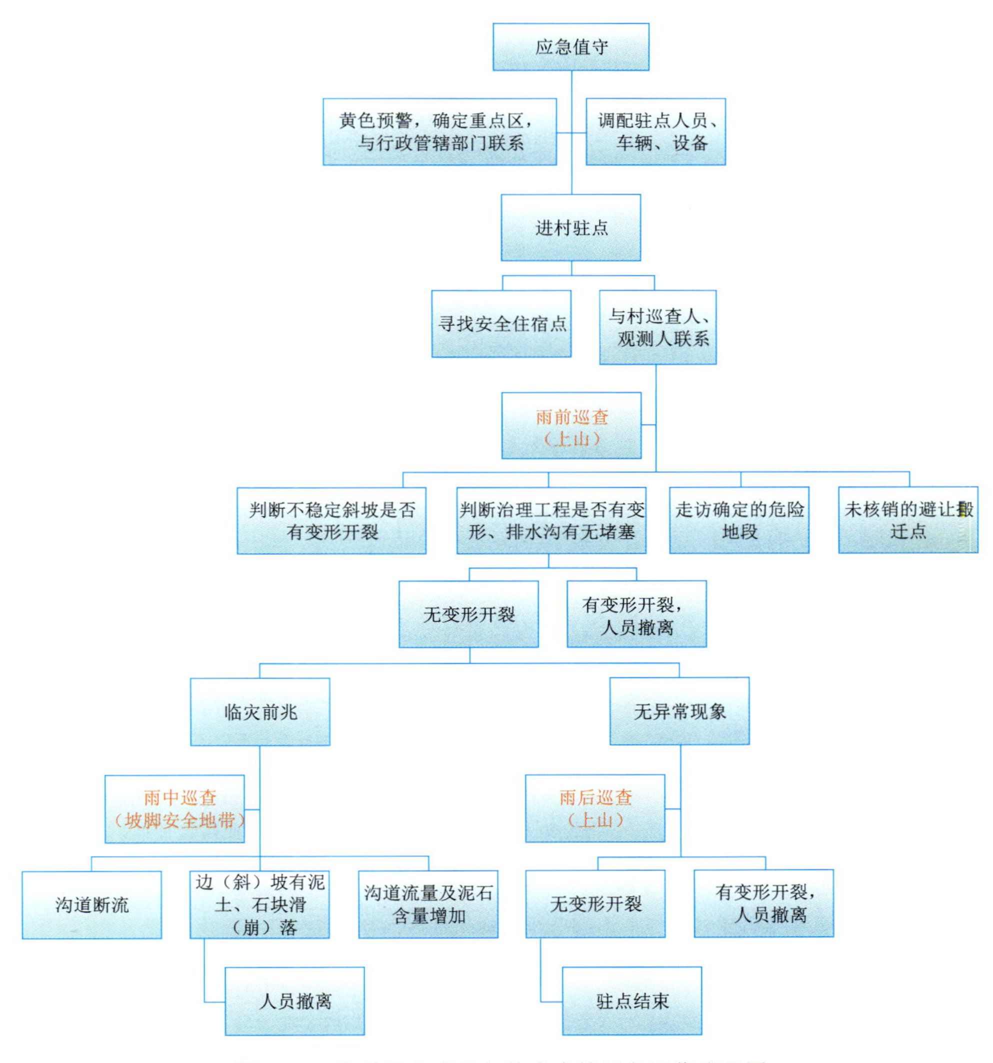

图 4-3　驻县进乡应急与技术支撑服务工作流程图

第三节 驻县进乡工作(地质队)联动体系

按照浙地灾联防办〔2021〕1号文要求，十一队构建、完善大队、中队、小队三级联动机制。大队对接服务温州市，提供专家服务团队，与温州市自然资源主管部门签订技术服务协议；设二级责任单位为中队，对标服务各县(市、区)或工作片区，按照地质灾害防治技术支撑服务格局现状开展工作；设工作小组为小队，在二级单位领导下具体对接服务乡镇(街道)，围绕地质灾害风险防范区、重点地段开展工作(图4-4)。

图4-4 浙东南驻县进乡队地联动体系

大队和中队主动与相应层级地方自然资源等部门对接，明确驻县进乡行动相关各方责任、工作保障、联络报告方式等事项。

浙东南驻县进乡主要工作实践

第一节　方案制订

地质灾害防治工作，坚持人民至上、生命至上，以“不死人、少伤人、少损失”为目标，夯实地质灾害风险隐患双控管理基础，提升地质灾害综合防治能力，助力浙江高质量发展，为共同富裕示范区建设作出贡献。每年汛期前，根据浙江省自然资源厅和浙江省地质勘查局统一部署，结合浙东南地区地质灾害特点，十一队总工办编制年度地质队员驻县进乡实施方案，全面落实好地质队员驻县进乡行动。

一、指导思想

以习近平新时代中国特色社会主义思想为指导，认真贯彻中央和浙江省地质灾害防治重要指示，根据浙江省自然资源厅和浙江省地质勘查局的工作部署做好浙东南驻县进乡地质灾害防治工作。在汛期，充分发挥地勘单位地质灾害技术优势，结合地方群测群防队伍，依托监测预警体系，直面地质灾害风险隐患双控，为地方地质灾害防治做好服务与支撑，助力全市高质量发展，为共同富裕示范区建设贡献地质的力量。

二、基本原则

浙东南驻县进乡工作实行“五个坚持”的基本原则。

(1)坚持“平时服务、急时应急、战时应战”原则。根据浙东南地区梅汛期和台汛期的降雨情况,组织安排驻县进乡地质队员提前进驻。

(2)坚持突出重点的原则。驻县进乡工作以已知地质灾害隐患点、风险防范区、易发区内的人口集聚区、生产经营服务用房、切坡建房、公路及重点建设工程等为重点。

(3)坚持专业调查与日常排查相结合,专题培训和日常宣传相结合的“两结合”原则。

(4)坚持“专家治”和“群众防”相结合原则。实行1个专家带2个助理组成3人技术小组,指导若干群测群防员开展工作的“1+2+N”模式。

(5)坚持分级管理原则。实行大队-中队(院)-小队(小组)“三级管理、三级对接”的服务模式,即大队牵头负责浙东南各县(市、区)的地质灾害防治技术服务,县(市、区)由大队分管领导分别进行对接;牵头领导下面分别设置相应责任单位;以每个县(市、区)为单元划工作片区,每个工作片区成立1～3个工作小组,每个片区第一组组长为各片区负责人,最终形成由大队-下属二级责任单位-工作小组组成的三级管理体系。

三、工作职责及内容

驻县进乡地质队员履行“专业调查、风险排查、应急处置、教育培训、信息报送”等职责,提高所驻乡镇(街道)地质灾害防治工作思想认识,提升地质灾害防治工作能力水平。大队负责驻县进乡工作指南及实施方案的制定及组织保障,驻县队员机动在全县乡镇指导工作,进乡队员相对固定做好本乡镇地质灾害防治工作,同时视汛情及地质灾害预警情况及时调整人员布防。

1. 队级职责

(1)建立驻县进乡工作组织体系,成立领导小组和各工作小组。大队牵头负责温州市各县(市、区)的地质灾害防治技术服务,安排大队领导分别与各县(市、区)进行对接。

(2)制定驻县进乡工作指南及实施方案,指导驻县进乡队员开展工作。

(3)积极建立驻县进乡地质队员信息库,组织地质队员开展技术培训。

(4)进行信息汇总,向省、市自然资源部门及省地勘局报送信息。

2. 院级职责(驻县地质队员职责)

(1)承担专业调查工作,积极对接县(市、区)自然资源管理部门,根据年度地质灾害防治方案,做好乡镇地质灾害风险调查评价等专业调查工作,结合汛期“三查”结果,不断完善地质灾害风险识别“一张图”编制工作。

(2)开展宣传培训工作,驻县地质队员积极协助县(市、区)自然资源主管部门,面向驻守乡镇(街道)工作人员、村干部和群测群防员开展地质灾害防治技术能力培训,对重点乡镇、重点风险防范区内的群众组织开展丰富多彩的防灾减灾救灾主题宣传,定期核查乡镇(街道)对危险区范围内的群众每年开展“防灾明白卡”“避险明白卡”制作和发放情况。

(3)做好地灾信息报送工作,驻县地质队员配合当地政府及自然资源主管部门通过“地灾智防”APP及时报送灾(险)情。灾(险)情信息报送内容包括地质灾害发生的时间、地点、类型和规模、受灾情况、已采取的措施、损失初步评估和灾害发展趋势、工作计划等。二级责任单位每天组织专人向大队总工办报送,再由大队总工办进行信息汇总,报送省地质勘查局。

3. 小组职责(进乡地质队员职责)

(1)开展风险排查工作。进乡地质队员协助指导群测群防员,充分利用“地灾智防”APP、风险识别“一张图”成果,对丘陵山区人口聚集区、高陡边坡地段、小流域沟口等重点区域加强排查,及时掌握地质灾害风险动态变化情况;对所在区域地质灾害专业监测点、雨量监测点开展不定期巡查,及时向县级自然资源主管部门上报相关情况。

(2)做好应急技术支撑。进乡地质队员根据地质灾害风险预报等级,配合当地自然资源主管部门做好应急值守和现场风险排查。发生地质灾害灾(险)情时,第一时间赶赴现场,了解灾(险)情,判别灾情类型,初步识别危险源,大致划定危险区范围并提出应急措施建议,为当地政府开展应急处置工作提供应急救援技术支撑。

四、工作组织实施

1. 人员选派

(1)驻县进乡地质队员需具备一定的地学专业背景,所学专业范围为水文地质、物化探、工程地质、测绘、地质测量等。

(2)驻县进乡地质队员由大队统一组织安排。

(3)根据浙江省地质勘查局千名地质队员驻县进乡工作要求和浙东南台汛期实际工作情况,十一队成立了22个工作小组,平稳有序推进驻县进乡工作。

2. 工作管理

(1)驻县进乡地质队员受浙江省自然资源厅委派,在县(市、区)自然资源主管部门的领导下开展工作,配合地方政府做好地质灾害防治技术支撑工作。

(2)驻县进乡地质队员在驻守期间,如遇特殊原因需要暂时离开,需履行好相应的请假手续,并及时将驻守工作接替人员及联系方式向县(市、区)自然资源管理部门汇报,做好工作交接,确保工作不断档。

3. 工作周期

(1)暂定汛期4—10月,具体可视工作需要作必要调整。

(2)遇强降雨或发生地质灾害等特殊情况时,根据需要由县(市、区)自然资源管理部门调整确定。

4. 组织保障

(1)领导重视。大队成立了驻县进乡组织机构,包括领导小组及其下设的办公室、专家组、工作组、专业监测组、后勤保障组、安全保障组、宣传报道组、车辆保障组和纪律监察组,由大队党委书记、队长任领导小组组长,大队党委副书记、总工程师、纪委书记、副队长任副组长。

(2)各工作小组配备必要的办公设备。包括笔记本电脑、专用平板电脑、打印机等,每个县(市、区)配备一台无人机。地质队员每人配备一套地质灾害应急处置技术装备,包括红外线测距仪、照明设备、罗盘、地质锤、放大镜、望远镜、皮尺、钢圈尺、野外用手电等。

(3)驻县进乡地质队员配发相应的服装,同时配备地灾应急背心、雨衣、登山鞋、雨鞋、安全帽及其他劳保用品。

(4)地方自然资源主管部门为驻县进乡地质队员提供必要的办公场地、住宿及用餐条件。

(5)驻县进乡地质队员车辆,根据工作需要由车辆保障组予以保障。

第二节 技术培训与应急演练

一、技术培训

1. 地质队员技术培训

(1)大队每年组织地质队员参加自然资源部及中国地质灾害防治工程协会举办的各类地质灾害防治培训,驻县进乡地质队员也积极参加省、市其他相关地质灾害防治的培训(图 5-1)。同时,十一队积极组织驻县进乡地质队员认真学习地质灾害调查评价、监测预警、应急处置和地灾智防等专业知识,学习并领悟驻县进乡行动的工作方法和意义,学习了地质灾害防治的最新要求和有关部署,为切实完成驻县进乡任务奠定了基础。

图 5-1 十一队地质环境野外培训交流现场照片

(2)大队每年邀请省内外专家授课,培育地勘人才,传播先进技术和业务知识,提升驻县进乡地质队员专业水平、工作技能和综合能力。大队每年开展形式多样的地勘讲坛,如日常性地勘讲坛、野外实地教学、地勘讲坛精英班、地勘技能竞赛活动等。其中，2019 年开展了 45 期，2020 年开展了 40 期。地勘讲坛形式多样，培训内容主要包括地质灾害风险识别和调查技术要求、巡排查和应急调查规范与要点、地质灾害监测预警技术等。

2. 地方工作人员培训

(1)大队每年为地方基层分管领导开展地质灾害防治业务培训。如每年为浙东南地区市、县自然资源部门和分管地质灾害防治人员开展一次培训，大队领导及相关专家亲自授课。

(2)大队派遣地质灾害防治技术骨干到浙东南各个县(市、区)给群测群防员、乡镇基层干部宣讲监测、巡排查等地质灾害相知相关知识。通过各类宣讲，不断提高监测员的地质灾害防灾知识。驻县进乡地质队员充分发挥专业技术优势，积极开展地质灾害防治技术能力培训，做防灾知识传播人，切实增强了山区群众防灾的自觉性和主动性。以县级 1∶5 万地质灾害风险普查和乡镇 1∶2000 地质灾害风险调查为契机，十一队组织开展形式多样的技术培训，普及地质灾害风险隐患有关知识，指导乡镇(街道)工作人员、村干部和群测群防员熟练掌握“地灾智防”APP，及时接收地质灾害预报预警信息，及时上报处置情况，切实提升了基层干部地质灾害防治能力和水平。

二、应急演练

根据习近平总书记关于防灾减灾救灾重要论述的精神和国家有关法律法规及其他相关规定，十一队制订了地质灾害应急预案，每年及时对应急预案进行修订。大队地质灾害应急预案明确了队属各单位的地质灾害防治工作职责，为高效、有序地配合自然资源部门做好防汛防台抢险救灾工作提供了技术支撑。

依据大队地质灾害应急预案，地质队员配合各级自然资源主管部门，模拟应对突发性地质灾害开展应急演练，重点和次重点地质灾害风险防范区每年开展一次，切实提高山区群众应急避险能力。应急演练的主要目的是全面检查应急预案的操作程序，检验应急程序的合理性和应急反应的能力。应急演练主要内容为监测预警、调查处置、抢险救援、避险撤离以及转移安置等。应急演练应做好规划、方案准备、演练保障，结合当地地质灾害风险隐患特征和实际情况开展，演练之后进行评估与总结。

2020 年十一队联合温州市自然资源和规划局在瓯海区泽雅镇上潘村开展了 2020 年度温州市地质灾害风险防范区应急调查演练。此次演练由温州市自然资源和规划局主办，十一队承办，百余人参演参训。中国移动瓯海分公司通过5G＋AR技术，为演练提供通信保障服务。通过此次演练，十一队展示了一批地质灾害应急调查“黑科技”，为一方百姓架起地质灾害应急“防护网”，提供“智慧精准”的技术支撑，获得中国科学院院士金振民教授称赞。此次演练的地点上潘村原是温州市“有名”的地质灾害风险隐患多发点之一。演练以模拟上潘村地质灾害点因持续降雨和强降雨，山体出现群发性裂缝为预设情景，重点围绕地灾应急调查、应急监测、环境污染应急检测、专家远程预警研判等多个关键环节，涉及队伍集结、野外综合调查、后勤保障、通信保障及舆论引导等10余个项目。为了更加真实地反映“灾难发生时的真实情景”，演练指挥部还预设了现场停水停电、公共通信网络中断等突发“难题”，不断增加演练的真实性和难度系数，全方位检验应急程序的合理性及应急突击队的综合素质。接到“应急响应命令”后，十一队派出多组应急突击队，携带AR单兵实施互动“云”智慧系统、多架无人机等“黑科技”开展巡查监测，快速扫描获取危险区域高分辨率图像数据，通过5G网络将现场动态灾情实时传回指挥部，并与异地专家组跨平台协作，辅助指挥决策，改变以往“双腿＋肉眼”监测的方式，为应急救援工作争取时间。此次演练一改过去的“点对点”模式，重点突出风险区块的排查，由被动的防治转为主动的管控。同时，此次演练还首次将次生灾害中可能引发的环境污染因素纳入演练环节，派出生态环境检测监测应急分队，对所涉区域相关生态环境指标展开检测。此次演练还得到了温州市首家地质学院士专家工作站——金振民院士专家工作站提供的技术督导，并通过“云”直播供群众在线观摩，加强了地质灾害群防群治的科普教育。

第三节　巡查排查

一、指导思想

对地质灾害风险防范区、地质灾害治理工程、山地丘陵区农村切坡建房区等进行全面排查，及时掌握地质灾害风险隐患情况，科学划定地质灾害风险防范区，动态更新地质灾害风险“一张图”，把重点放在危害大、险情重的重要地质灾害隐患点（地段）和风险区的管控上，加强地质灾害隐患点、地质灾害风险防范区、易发区内人口集聚区、生产经营服务用房及重点建设工程等重要地段雨前排查、雨中巡查、雨后核查“三查”工作；加强地质灾害风险防范区管理，每个风险防范区明确一名驻县进乡地质队员作为技术联络人，指导县级有关部门、乡镇（街道）、村群测群防员做好风险防范区的日常管理工作；编制地质灾害风险防范区具普适性的专业监测技术方案，协助开展监测仪器设备安装和维护。

二、工作要求

通过“除险安居”三年行动，温州市绝大多数地质灾害隐患已得到消除，地质灾害防治管理已从地质灾害隐患管理向地质灾害风险管理转变，从“治病”转向了“治未病”。新时代地质灾害防治工作对巡排查提出了更高的要求。

为了提高工作效率，突出重点，统一标准，结合在浙东南工作的实际经验，本着“科学、合理、可操作”的原则，以乡镇为单元，十一队探索建立了地质灾害风险隐患巡排查“一图三单”工作模式。

1. 工作部署

1）部署原则

根据《地质灾害排查规范》（DZ/T 0284—2015）及相关规范、技术要求，结合浙东南主要地质环境问题考虑，坚持“以人为本、重点突出”的基本原则，开展巡排查工作，尽可能发现地质灾害风险隐患，达到地质灾害风险隐患识别的目的。

（1）充分利用前人成果的原则。全面系统收集利用前人区域排查资料，包括气象水文、基础地质、水工环地质、地质灾害防治以及相关规范等资料。

（2）“以人为本”的原则。坚持“以人为本”的原则部署巡排查工作，对地质灾害易发区内影响人民生产生活的区域进行全面系统巡排查，进一步摸清地质灾害风险隐患家底。

（3）“突出重点”的原则。巡排查工作应突出重点。一是把巡排查工作重心放在地质灾害重点防治县和重点防治乡镇，按先重点乡镇、后一般乡镇的顺序开展巡排查；二是以已知地质灾害隐患点、风险防范区以及地质灾害中、高易发区内的人口集聚区、生产经营服务用房、重点建设工程为重点，尤其关注沟口、崖边、高陡斜坡坡脚等地质灾害易发地段。

2）阶段部署

（1）资料收集阶段。以乡镇为单元，收集区域相关排查资料，并制订地质灾害风险隐患点实地排查路线、图件及清单。

(2)野外实地排查阶段。根据排查路线和清单,结合重点区域和以往地质灾害隐患、风险防范区的分布情况、交通条件开展野外巡排查,现场填写巡排查表格及相关资料。

(3)室内工作阶段。对巡排查工作进行归纳总结,编写巡排查报告。

2. 技术路线

编制地质灾害风险隐患巡排查"一图三单",具体步骤如下。

1)编制"一图一清单"

在充分收集资料的基础上,以乡镇为单元,编制××县××镇地质灾害风险隐患分布及巡排查工作部署图(图5-2)和××县××镇地质灾害风险隐患巡排查对象清单(表5-1),形成"一图一清单",为野外巡排查提供基础资料。

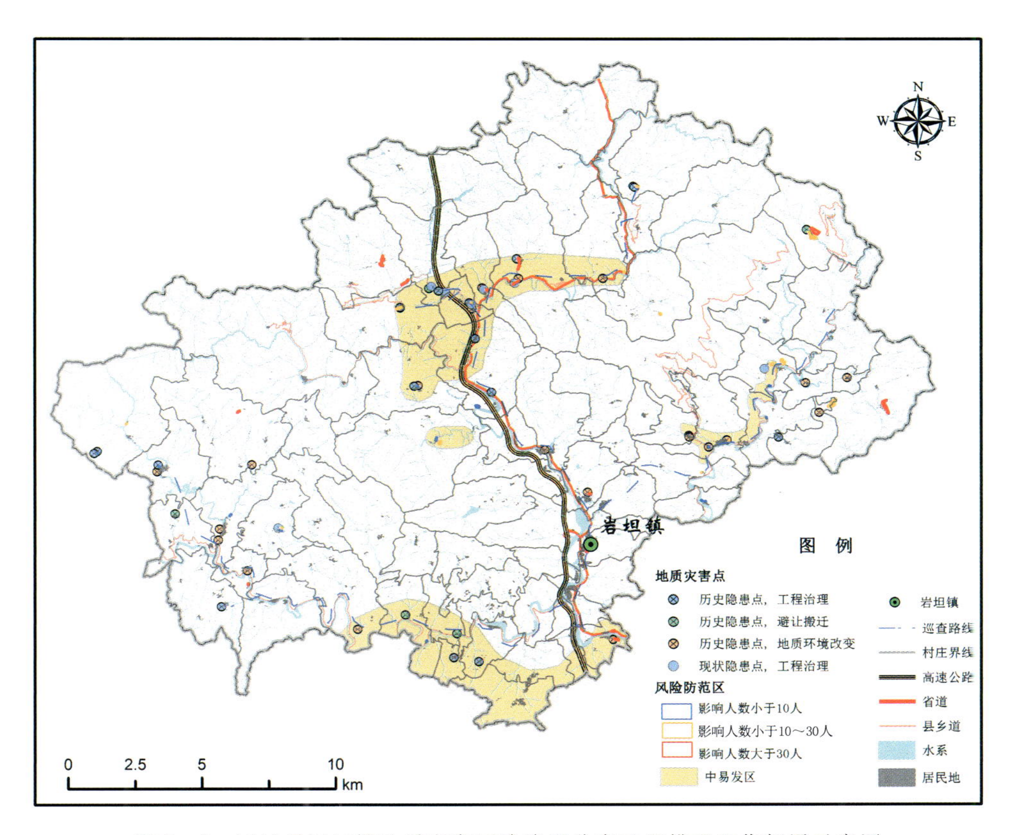

图5-2　××县××镇地质灾害风险隐患分布及巡排查工作部署示意图

表 5－1　××县××镇地质灾害风险隐患巡排查对象清单

序号	巡排查类型			灾害点或风险防范区编号	野外编号	名称	小计/处	备注
1	地质灾害隐患点	已核销点	工程治理					
2								
3			避让搬迁					
4								
5			地质环境条件改变					
6								
7		现状隐患点	工程治理					
8								
9			避让搬迁					
10								
合计								
11	风险防范区	<10 人						
12								
13		10～29 人						
14								
15		30～99 人						
16								
17		≥100 人						
18								
合计								
19	易发区	高易发区						
20								
21		中易发区						
22								
23		低易发区						
24								
合计								
总计								

2)野外巡排查

野外巡排查根据巡排查类型分别填写风险防范区野外巡排查表、易发区野外巡排查表和地质灾害隐患点野外巡排查表。巡排查结束后，动态填写××县××镇地质灾害风险隐患巡排查工作完成情况清单(表5－2)。

表5－2　××县××镇地质灾害风险隐患巡排查工作完成情况清单

<table>
<tr><th rowspan="2">序号</th><th rowspan="2">巡排查类型</th><th rowspan="2">野外编号</th><th rowspan="2">名称</th><th colspan="3">巡排查完成情况</th><th rowspan="2">巡排查人员</th><th colspan="2">巡排查情况</th><th rowspan="2">下步工作建议</th></tr>
<tr><th>是</th><th>巡排查时间</th><th>否</th><th>异常</th><th>无异常</th></tr>
<tr><td>1</td><td rowspan="2">地质灾害隐患点</td><td></td><td></td><td></td><td></td><td></td><td></td><td></td><td></td><td></td></tr>
<tr><td>2</td><td></td><td></td><td></td><td></td><td></td><td></td><td></td><td></td><td></td></tr>
<tr><td colspan="4">合计</td><td></td><td></td><td></td><td></td><td></td><td></td><td></td></tr>
<tr><td>3</td><td rowspan="2">风险防范区</td><td></td><td></td><td></td><td></td><td></td><td></td><td></td><td></td><td></td></tr>
<tr><td>4</td><td></td><td></td><td></td><td></td><td></td><td></td><td></td><td></td><td></td></tr>
<tr><td colspan="4">合计</td><td></td><td></td><td></td><td></td><td></td><td></td><td></td></tr>
<tr><td>5</td><td rowspan="2">易发区</td><td></td><td></td><td></td><td></td><td></td><td></td><td></td><td></td><td></td></tr>
<tr><td>6</td><td></td><td></td><td></td><td></td><td></td><td></td><td></td><td></td><td></td></tr>
<tr><td colspan="4">合计</td><td></td><td></td><td></td><td></td><td></td><td></td><td></td></tr>
<tr><td colspan="4">总计</td><td></td><td></td><td></td><td></td><td></td><td></td><td></td></tr>
</table>

3)室内资料整理汇总和报送

根据野外巡排查结果，对存在风险隐患的地段应及时填写地质灾害风险隐患巡排查速报表(表5－3)，经大队和二级单位充分讨论后，报当地自然资源部门或乡镇使用。

表 5-3　××地质灾害风险隐患巡排查速报表

巡排查日期:××年××月××日

<table>
<tr><td>巡排查点(区)
编号</td><td>野外</td><td colspan="2"></td><td>室内</td><td colspan="2"></td></tr>
<tr><td>风险隐患位置</td><td colspan="2"></td><td>类型</td><td></td><td>风险
等级</td><td></td></tr>
<tr><td>巡排查分类</td><td colspan="6">汛前排查□　汛中巡查□　汛后核查□</td></tr>
<tr><td>巡排查区域</td><td colspan="6">注:人口集聚区(重点是公共用房)、农民生产经营用房(养殖、农家乐、游乐场等)、切坡建房、重点工程(包括旅游、乡村道路)及沟谷冲沟口、高陡斜坡坡麓坡脚等工程建设区或零散居民点,可以是全部,也可以是部分,部分需指明具体位置。</td></tr>
<tr><td>易发区及等级</td><td>编号</td><td colspan="2"></td><td>等级</td><td colspan="2"></td></tr>
<tr><td>致灾体基本特征</td><td colspan="6"></td></tr>
<tr><td>承灾体
(威胁对象)</td><td colspan="6"></td></tr>
<tr><td>地形地质资料
(平、剖面图)</td><td colspan="6">见附图</td></tr>
<tr><td>防灾避险图
(卫片图)</td><td colspan="6">见附图</td></tr>
<tr><td>防治建议</td><td colspan="6">纳入风险区□　网格员巡排查□　搬迁避让□　工程治理□
监测与风险管控□</td></tr>
<tr><td colspan="7">现场照片(安放不下可作为附件)

照片 1(正面)　照片 2(侧面)　照片 3(变形迹像)　…</td></tr>
</table>

巡排查单位:浙江省第十一地质大队　巡排查人员:　速报时间:××年××月××日

3. 地质灾害风险隐患分布及巡排查工作部署图制作要求

(1)底图应包括村庄界线、公路、铁路、水系、重要工程(规划区)及近5年修建的乡村道路、山区农村生产和公共用房等。

(2)应标明工程地质岩组及界线、断裂构造以及最新的“十四五”规划易发区界线,易发区根据等级用不同颜色填充表示并编号。

(3)地质灾害隐患点分历史和现状分别用蓝色、红色的点表示并编号。

(4)风险防范区按威胁人口以不同颜色的点表示并编号。

4. 巡排查具体要求

(1)排查前系统收集排查区以往地质灾害防治成果,分析确定区域内地质灾害风险隐患排查重点区域。

(2)对新发现的地质灾害隐患点,应查明地质灾害基本特征,预测发展趋势,并圈定威胁范围,提出防治对策。

(3)对已知地质灾害隐患点,应查明是否有新的变形迹象,是否造成人员伤亡和财产损失等,在建治理工程是否按设计要求施工,并对存在的问题提出整改意见。

(4)对经过搬迁避让核销的地质灾害隐患点,主要排查危险区范围内有无人员回流和新建建筑物,原房是否彻底拆除等。

(5)对经工程治理核销的地质灾害隐患点,主要排查治理工程有无变形、维护情况。

(6)对经地质环境条件改变的地质灾害隐患点,主要排查是否有新的变形迹象,是否还存在隐患等。

(7)对风险防范区主要排查是否发现变形和破坏,以及致灾体边界、承灾体范围、避灾场所和避灾路线划定的合理性等。

(8)对新发现的地质灾害风险隐患,应查明致灾体基本特征、承灾体范围,确定避灾点及避灾路线。

5. 巡排查工作重点

重点巡排查可能发生崩塌、滑坡和泥石流的地段,尤其关注已知隐患点、已划定的地质灾害风险区和地质灾害中、高易发区。区域上巡排查重点应包括:①高度大于15m的岩质边坡或高度大于8m的土质边坡和岩土复合边坡的坡肩及坡脚地带;②坡度大于25°的斜坡及坡脚;③坡度在30°~45°之间,坡面存在负地形或小型冲沟，松散层厚度在 0.5～3m 之间的斜坡；④存在不利结构面或软弱夹层的边斜坡；⑤存在地质灾害迹象的斜坡；⑥物源较丰富、沟道狭窄或沟口挤占河道，沟口有重要建筑或设施的沟谷；⑦江、河岸坡的坡肩地段。

具体地质灾害风险防范区排查重点及内容见表 5－4。

表 5－4　××乡镇地质灾害风险防范区排查重点及内容表

分类	名称	排查重点区域及内容
风险防范区	黄南村村委办公楼不稳定斜坡风险防范区	潜在变形趋势为坡面泥石流和浅表层滑坡：排查斜坡有无局部滑塌、裂缝
	南正村不稳定斜坡风险防范区	潜在变形趋势滑坡及坡面泥石流：排查斜坡坡面有无裂缝，孤石下部水土流失、稳定状况，斜坡局部滑塌和前缘破坏垮塌情况，雨季底部有无渗水及渗水流量变化等
	潘二村上埠路 26 号屋后不稳定斜坡风险防范区	潜在变形趋势滑坡、崩塌：排查孤石下部水土流失、稳定状况，裂缝宽度、长度变化，坡面上松散层及岩石在雨季易形成隐患体，需观测检查坡面上岩石松动情况
	前溪村北不稳定斜坡风险防范区	潜在变形趋势崩塌：排查内容为孤石下部水土流失、稳定状况，山体裂缝、基岩临空部位有无裂隙及裂隙是否贯穿，坡脚是否渗冒浑水，上部土体是否存在变形前兆，斜坡坡面稳定状况等
	屿北村北不稳定斜坡风险防范区	潜在变形趋势滑坡、崩塌：排查斜坡有无裂缝，下错是否变化，树木植被变化是否异常，斜坡前缘破坏垮塌情况等
	霄岭村周绍旺屋后滑坡风险防范区	治理工程有无变形，斜坡排水情况
	黄南村东北坡面泥石流风险防范区	斜坡有无局部滑塌、裂缝
	岩龙村溪龙泥石流隐患风险防范区	沟口与斜坡有无崩塌、滑坡，治理工程有无变形
	潘塘村张建迈屋后滑坡风险防范区	治理工程有无变形

三、地质灾害“三查”工作内容

1. 汛前排查

会同群测群防员和网格员上山对重点区开展现场巡查观测活动，确定坡体是否有变形开裂现象，如果有异常现象且现场判定可能对坡脚居民构成危害的，应会同群测群防员和网格员撤离人员，设立警戒范围与警示标志，并及时向上级主管和监管部门报告，进行后期应急排险或工程治理。

2. 汛中巡查

在确保驻点技术人员自身安全的前提下，会同群测群防员和网格员沿重点区村庄边(斜)坡脚、沟口一带开展巡查观测活动，如果有异常现象，应会同群测群防员和网格员撤离人员，设立警戒范围与警示标志，并及时向上级主管和监管部门报告。异常现象包括但不限于：①边(斜)坡有泥土(石块)滑(崩)落现象，可能会发生滑坡、崩塌或坡面泥石流；②沟道流量及泥石含量增加且危及两侧民房，可能会发生沟谷泥石流；③沟道突然断流，可能上游发生滑坡，堵塞沟道形成堰塞湖；④无上述现象，但监测系统数据有异常或上级部门要求撤离。

3. 汛后核查

再次对确定的重点区进行核查，确定坡体是否有变形开裂现象，如果有异常现象且现场判定可能对坡脚居民构成危害的，应会同群测群防员和网格员撤离人员，设立警戒范围与警示标志，并及时向上级主管和监管部门报告，进行后期应急排险或工程治理；如果无异常现象，本次驻点结束，驻点人员撤离。

第四节　应急响应

一、地质灾害预警应急响应

针对地质灾害预警信号(或应急响应)分级，地质灾害预警应急响应级别分为4级。

1. Ⅳ级预警应急响应

符合下列条件之一的，启动Ⅳ级预警应急响应：

(1)温州市气象部门发出全市台风或暴雨蓝色预警信号；

(2)温州市防汛防旱指挥部发出防台风或防汛Ⅳ级应急响应；

(3)省、市自然资源和规划主管部门发出地质灾害Ⅳ级应急响应。

启动Ⅳ级应急响应后，要做好如下措施：对于各部门发出的预警信号(或应急响应)，相应片区的驻县进乡应急小分队应派人值班，保持24小时通信畅通。

2. Ⅲ级预警应急响应

符合下列条件之一的，启动Ⅲ级应急响应：

(1)温州市气象部门发出全市台风或暴雨黄色预警信号；

(2)温州市防汛防旱指挥部发出防台风或者防汛Ⅲ级应急响应；

(3)省、市自然资源和规划主管部门发出地质灾害Ⅲ级应急响应。

启动Ⅲ级应急响应后，要做好如下措施：对于各部门发出的预警信号(或应急响应)，大队地质灾害应急指挥部办公室、后勤保障组和应急调查总队应派人到岗，相应片区的驻县进乡应急小分队上岗到位并做好应急准备，保持24小时通信畅通。

3. Ⅱ级预警应急响应

符合下列条件之一的，启动Ⅱ级应急响应：

(1)温州市气象部门发出全市台风或暴雨橙色预警信号；

(2)温州市防汛防旱指挥部发出防台风或者防汛Ⅱ级应急响应；

(3)省、市自然资源和规划主管部门发出地质灾害Ⅱ级应急响应。

启动Ⅱ级应急响应后，要做好如下措施：对于各部门发出的预警信号(或应急响应)，大队地质灾害应急指挥部人员应上岗到位，相应片区的驻县进乡应急小分队派员前往发出预警的县(市、区)驻扎到重点乡镇，开展巡排查工作，并做好应急准备，保持24小时通信畅通。

4. Ⅰ级应急响应

符合下列条件之一的，启动Ⅰ级应急响应：

(1)温州市气象部门发出全市台风或暴雨红色预警信号；

(2)温州市防汛防旱指挥部发出防台风或者防汛Ⅰ级应急响应；

(3)省、市自然资源和规划主管部门发出地质灾害Ⅰ级应急响应。

启动Ⅰ级应急响应后，要做好如下措施：对于各部门发出的预警信号（或应急响应），大队地质灾害应急指挥部人员应上岗到位，应急调查总队派员驻扎市自然资源主管部门，相应片区的驻县进乡应急小分队派员前往发出预警的县（市、区）驻扎到重点乡镇，开展巡排查工作并做好应急准备，保持24小时通信畅通。

二、地质灾害灾（险）情应急响应

地质灾害按危害程度和规模大小分为特大型、大型、中型、小型，地质灾害灾（险）情应急响应也相应分为4级。

1．小型地质灾害灾（险）情应急响应（Ⅳ级）

1）小型地质灾害灾（险）情的界定

受灾害威胁，需搬迁转移人数在100人以下，或潜在经济损失500万元以下的地质灾害险情为小型地质灾害险情。

因灾死亡3人以下，或因灾造成直接经济损失100万元以下的地质灾害灾情为小型地质灾害灾情。

2）小型地质灾害灾（险）情应急措施

出现无人员伤亡的小型地质灾害灾（险）情，相应片区的应急小分队应在24小时内派员前往地质灾害点开展地质灾害应急调查；出现有人员伤亡的小型地质灾害灾（险）情，相应片区的应急小分队应即刻派员前往地质灾害点开展地质灾害应急调查，协助当地政府和有关部门划定危险区域，提出应急处置建议。

2．中型地质灾害灾（险）情应急响应（Ⅲ级）

1）中型地质灾害灾（险）情的界定

受灾害威胁，需搬迁转移人数在100人以上（含100人）、500人以下，或潜在经济损失500万元以上（含500万元）、5000万元以下的地质灾害险情为中型地质灾害险情。

因灾死亡3人以上（含3人）、10人以下，或因灾造成直接经济损失100万元以上（含100万元）、500万元以下的地质灾害灾情为中型地质灾害灾情。

2）中型地质灾害灾（险）情应急措施

出现无人员伤亡的中型地质灾害灾（险）情，相应片区的应急小分队应在24小时内派员前往地质灾害点开展地质灾害应急调查；出现有人员伤亡的中型地质灾害灾(险)情,应急调查总队配合相应片区的应急小分队应即刻派员前往地质灾害点开展地质灾害应急调查,协助当地政府和有关部门划定危险区域,提出应急处置建议。

3. 大型地质灾害灾(险)情应急响应(Ⅱ级)

1)大型地质灾害灾(险)情的界定

受灾害威胁,需搬迁转移人数在500人以上(含500人)、1000人以下,或潜在经济损失5000万元以上(含5000万元)、1亿元以下的地质灾害险情为大型地质灾害险情。

因灾死亡10人以上(含10人)、30人以下,或因灾造成直接经济损失500万元以上(含500万元)、1000万元以下的地质灾害灾情为大型地质灾害灾情。

2)大型地质灾害灾(险)情应急措施

出现大型地质灾害险情和灾情,应急调查总队配合相应片区的应急小分队即刻派员前往地质灾害点开展地质灾害应急调查,协助当地政府和有关部门划定危险区域,提出应急处置建议。

4. 特大型地质灾害灾(险)情应急响应(Ⅰ级)

1)特大型地质灾害灾(险)情的界定

受灾害威胁,需搬迁转移人数在1000人及以上或潜在经济损失1亿元以上的地质灾害险情为特大型地质灾害险情。

因灾死亡30人及以上或因灾造成直接经济损失1000万元及以上的地质灾害灾情为特大型地质灾害灾情。

2)特大型地质灾害灾(险)情应急措施

出现特大型地质灾害险情和灾情,应急调查总队配合相应片区的应急小分队即刻派员前往地质灾害点开展地质灾害应急调查,协助当地政府和有关部门划定危险区域,提出应急处置建议。

5. 扩大响应

当地质灾害的灾情或险情的严重程度以及发展趋势超出十一队地质灾害应急响应能力时,应及时报请浙江省地质勘查局地质灾害应急指挥机构启动高等级的应急预案。

三、地质灾害应急终止

当满足下列应急终止条件时，地质灾害应急指挥部确认后下达应急终止指令：

(1)经鉴定地质灾害险情或灾情已消除，或者得到有效控制；

(2)各部门终止预警信号(或应急响应)。

第五节　应急调查与应急处置

一、应急调查与应急处置步骤

(1)接受任务。当有灾(险)情发生时，地方自然资源和规划局或乡镇(街道)会第一时间与十一队辖区负责人或地质环境调查院和自然资源调查院行政负责人联系，辖区负责人或二级院行政负责人会立即安排驻县进乡小组带齐装备(如无人机等)前往现场。遇重大灾(险)情时，二级院行政负责人同时要向大队总工办和分管领导汇报。

(2)分析研判。驻县进乡小组到时现场后，不能贸然开展上山调查工作，应先了解现场情况，初步研判灾(险)情，确定安全调查路线再上山进行调查。

(3)提出应急处置意见。根据调查结果，提出应急处置措施，常规措施主要有人员撤离、设置警戒线和警示牌、加强巡查观测等。

二、不同应急阶段与处置

发生地质灾害灾(险)情时，进驻地质队员应立即到达现场为当地政府开展应急处置工作提供技术支持和服务。应急处置按阶段的不同可划分为先期应急处置、初期应急处置和后期应急处置。

(1)先期应急处置。识别危险源、划定危险区范围、判定灾(险)情、提出应急抢险措施建议、指导地方政府开展群测群防工作和协助地方政府实施紧急避让。

(2)初期应急处置。开展应急调查(判定地质灾害类型及规模,调查地质灾害体地质环境条件及边界条件,划定成灾范围及危险区,确定危害对象,初步判断地质灾害稳定性,分析影响因素,预测发展趋势,提出应急处置方案)、实施应急监测和其他应急处置工作。

(3)后期应急处置。开展应急勘查、监测,实施应急工程治理,排除地质灾害灾(险)情。

三、应急调查报告格式及内容

应急调查报告格式及内容如下:

(1)发生的时间、地点、参与调查的单位及人员;

(2)地质灾害概况(地质灾害类型、规模、形态、物质组成、结构面特征、边界条件、水文地质条件);

(3)变形特征(历史变形、本次变形现象,分析变形特征);

(4)成因分析(从地质环境、水文地质、变形现象、诱发因素等方面分析形成原因);

(5)稳定性分析(根据变形特征分析现状稳定状态,预测在不利工况下的稳定状态);

(6)预测发展趋势(分析地质灾害是否会进一步变形,预测持续变形后地质灾害规模扩大情况以及失稳后影响对象,并进行地质灾害链分析);

(7)危害性分析(划定成灾范围及危险区,列出已造成的人、财、物损失数据和直接威胁人数与财产数据以及影响生命财产安全的数据);

(8)下一步工作建议(已采取的措施,明确撤离避让对象,设置警戒、警示标志范围,并加强对危险区内安全警戒工作,加强监测巡视、值守,若遇变形加大及时上报,编制防灾预案,给出应急排危抢险措施或综合治理措施等建议);

(9)所用图件应满足地质灾害调查技术要求。

三、应急处置案例

本书选取了《温州市鹿城区滨江街道杨府山南麓山友之家后方边坡崩塌地质灾害应急调查报告》作为应急处置案例。

温州市鹿城区滨江街道杨府山南麓山友之家后方边坡崩塌地质灾害应急调查报告

前 言

2021年8月6日，受温州市自然资源和规划局鹿城分局委托，由滨江街道办事处、鹿城分局城北管理所、杨府山公园管理处和浙江省第十一地质大队组成的应急调查小组对鹿城区滨江街道杨府山南麓边坡崩塌进行应急调查，现将调查情况总结如下。

一、基本灾情

据实地调查访问，2021年8月6日15时30分左右，鹿城区滨江街道杨府山南麓山友之家后方边坡发生崩塌地质灾害(图1)，体积约50m^3。由于整体落差较大，滑体冲击力较大，因此失稳后部分堆积在坡面，少部分冲至坡脚，受被动防护网拦截(图2)，未造成直接经济损失和人员伤亡。由于边坡高陡，坡面临空无支护，构造裂隙极为发育，局部岩体受不利结构面切割形成不稳定岩体，在强降雨等不利条件下，存在再次崩塌的可能。

图1 山友之家后方边坡崩塌地质灾害现场图

图2 山友之家后方边坡崩塌防护网拦挡现场图

二、自然地理及地质概况

1. 地理位置

本次崩塌发生位置为杨府山公园南麓山友之家房屋后方(图 3),地理坐标为 E120°42′13.77″,N28°0′22.11″;西安 80 坐标(3 度带)为 X＝3100892.116,Y＝40615787.009。

图 3　山友之家后方边坡崩塌调查区影像图

2. 气象水文

近期,鹿城区出现持续性降雨,个别区域 1 小时降雨量可达 30mm,降雨量连续、集中,大量雨水下渗,使坡体处于富水状态。

3. 地形地貌

杨府山位于浙东南侵蚀剥蚀丘陵区,属剥蚀残丘地貌,主峰分水岭海拔 141.4m,最低海拔 3.7m,最大相对高差 137.7m,坡度 35°～50°。山坡上生长有松、杉树，灌木、草发育，覆盖率可达80%左右(图4)。

山友之家位于杨府山南麓，被采石场边坡包围，南侧和西侧均分布有高陡边坡，高度介于5～30m之间，坡度为50°～80°，局部近乎直立，处于裸露状态，未支护。目前，房屋南侧坡脚修建有被动防护网。山友之家房屋与边坡之间距离2～5m。另外，翻过西侧山脊为温州市青少年活动中心，残留山脊宽20～25m。

图4　杨府山地形地貌图

4. 地层岩性及地质构造

杨府山地区出露地层主要为第四系及下白垩统小平田组(K_1xp)。第四系主要为残坡积层(Q^{el-dl})，分布在山体浅表，主要为粉质黏土夹碎石或粉质黏土混碎石，碎石含量20%～35%，以黄褐色、灰黄色为主，厚度一般小于1m。下白垩统小平田组岩性主要为英安质玻屑凝灰岩，岩石呈红褐色，黄铁矿化、硅化较强烈，风化裂隙较多，岩体破碎，裂隙面有风化黏土、粗颗粒分布。

根据现场调查，边坡发育有两组断裂，分布于房屋西侧和南侧(图5、图6)。其中西侧断裂F_1产状为160°∠85°，断裂面平直光滑，南侧断裂F_2产状为300°∠42°，两组断裂相距约20m。两组断裂附近风化强烈，发育较多裂隙(图7、图8)，黄铁矿化、硅化较强烈，岩体呈块状—碎块状，局部甚至呈散体状结构。

图 5　F_1 断裂

图 6　F_2 断裂

图 7　裂隙面 1

图 8　裂隙面 2

5. 水文地质

区内的地下水类型主要为松散岩类孔隙水和基岩裂隙水，松散岩类孔隙水无统一的地下水位，接受大气降水的入渗补给；基岩裂隙水主要赋存于岩石的构造裂隙及风化裂隙中，连通性较好。地下水主要接受上部孔隙水的补给以及大气降雨的直接补给，沿着连通性较好的裂隙通道径流，通常在坡脚处排泄。地下水动态变化明显，雨季排泄量急剧增大（图 9）。

三、灾害特征

根据现场调查，本次崩塌地质灾害是该处边坡发育的 3 组主要节理

图 9　房屋北西侧地下水渗出

(J_1:180°∠40°,J_2:125°∠65°,J_3:300°∠70°)共同切割形成的不稳定岩体在持续性降雨影响下沿裂隙发生倾倒所致。

岩体处于临空状态，同时位于断裂带内，受构造影响，风化强烈，裂隙面多夹有黏土、颗粒，因此在强降雨的作用下，雨水沿着风化裂隙面下渗，软化风化裂隙面的风化黏土，造成裂隙面黏结能力降低，并形成一定的水压力，导致外侧岩体应力增大，进而发生崩塌。由于崩塌位于边坡顶部，因此崩塌物堆积在坡面，少部分冲至坡脚，被被动防护网拦截，未造成人员伤亡和财产损失。

另外，根据现场调查和访问，坡脚下存在较大的岩块，为以往崩塌地质灾害的产物，表明边坡曾间断性发生崩塌、掉块地质灾害，其中个别岩块单体体积超过 $5m^3$，由于该位置原为空地，因此未造成任何影响(图 10)。

四、地质灾害成灾原因

分析认为，本次地质灾害主要原因包括以下几个方面：

(1)不利的地形条件。边坡高 5～30m，坡度介于 40～85°之间，局部处于倒

图10 历史崩塌岩体与8月6日崩塌岩体对比图

倾状态，坡面临空且未支护，高陡的临空面为崩塌的形成提供了有利的地形条件。

(2)地质构造。受地质构造影响，两组断裂之间岩体极为破碎，风化程度较高，部分甚至风化成散体状结构，同时风化裂隙面多夹有黏土、粗颗粒，为崩塌地质灾害提供物质基础。

(3)持续的降雨影响。2021年8月2日至崩塌地质灾害发生时，温州市鹿城区持续性降雨，雨水沿着风化裂隙下渗，软化岩体裂隙面的风化岩土体，造成坡体抗剪强度指标降低，坡面集中应力增大，充足的降雨为本次地质灾害发生的主要诱因。

五、已采取的防治措施及效果

(1)坡脚已建被动防护网，起到拦挡作用；

(2)地质灾害情况已上报相关部门，相关人员已现场查看；

(3)人员已转移，威胁区范围外已设置警戒线；

(4)杨府山公园南山入口已封闭。

六、发展趋势及危害性

根据现场调查，整段边坡根据岩体完整性可分为三部分：F_1 和 F_2 断裂之间部分、房屋北西侧部分、F_2 断裂南侧部分。以下对三部分岩体的稳定性及其危害性进行分析。

(1) F_1 和 F_2 断裂之间部分。F_1 和 F_2 断裂之间岩土体受地质构造影响，整体风化强烈，部分已风化成碎裂状，甚至呈散体状结构，同时裂隙面有黏土、粗颗粒充填，局部裂隙面连通性较好，呈张开状，有利于雨水下渗，形成不稳定岩体。在强降雨等不利条件下，仍存在崩塌隐患(图 11)，由于被动网腐蚀严重，基本失去拦挡功能，同时被动防护网紧贴房屋，拦挡作用较低。因此，坡面不稳定体一旦失稳，将对房屋构成直接威胁。

图 11　潜在的崩塌体

(2)房屋北西侧部分。该部分岩体地下水较为发育，有贯通的地下水通道，主要沿着裂隙面渗出，由于该区域岩土体受地质构造影响，裂隙面多有黏土体或颗粒充填，地下水将造成裂隙面黏结能力降低，同时形成一定的水头压力差，一定程度上影响边坡的稳定性，极有可能沿着裂隙面发生滑移式崩塌，由于边坡距离房屋较近，因此将对坡脚房屋构成威胁。

(3)F_2 断裂南侧部分。该部分岩体较为完整，部分受裂隙面共同切割，形成楔形体(图 12)，目前未见有滑移迹象，现状基本稳定，但坡面岩体局部裂隙呈张开状，同时坡面临空，在强降雨等不利条件下，存在崩塌隐患，主要威胁坡脚房屋。

图 12　F_2 断裂南侧部分楔形体

七、进一步防灾减灾工作建议

为控制灾害发展、减轻灾害损失，建议进一步采取如下措施：

(1)继续对该场地进行封锁，严禁人员在坡脚威胁区范围内随意活动；

(2)根据潜在的地质灾害隐患以及坡脚的威胁对象，建议将该点列入风险防范区进行管理；

(3)早期已对该点进行治理工程设计，但由于坡脚无威胁对象，因此采用被动拦挡的防护措施，但现在坡脚修建了房屋，建议有关单位重新对该点进行工程治理或者避让搬迁；

(4)平时做好巡查观测工作、群防群测工作，一旦发生不良地质现象，及时采取应急措施，并上报相关部门。

浙江省第十一地质大队

2021 年 8 月 8 日

附：应急调查组单位名单

温州市自然资源和规划局鹿城区分局

温州市鹿城区人民政府滨江街道办事处

温州市自然资源和规划局鹿城区分局城北管理所

温州市鹿城区杨府山公园管理处

浙江省第十一地质大队

温州市鹿城区滨江街道杨府山南麓山友之家后方边坡崩塌地质灾害应急调查平面示意图

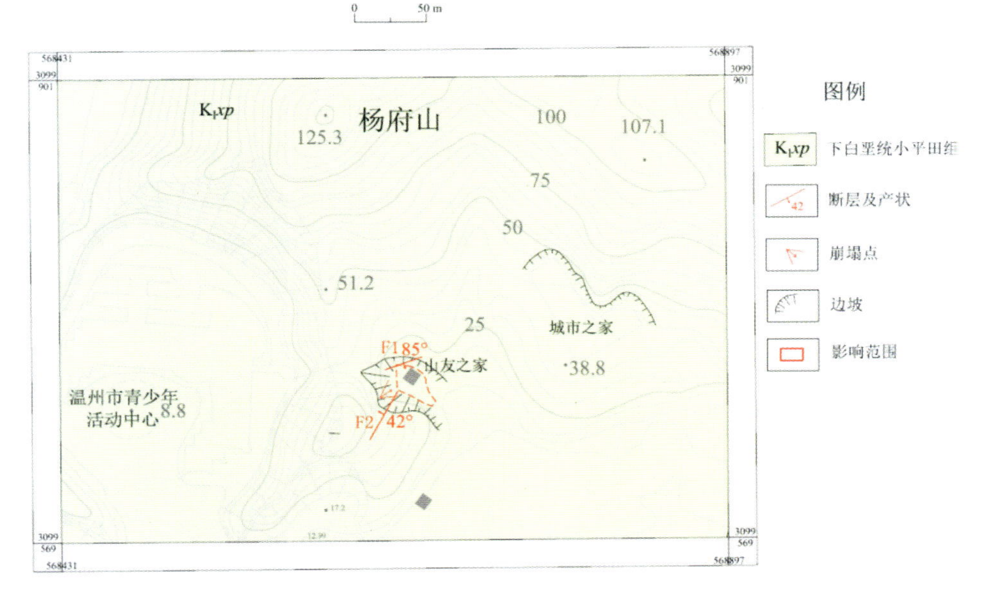

第六节 信息整理与报送

一、“驻县进乡”工作日志

根据每天的巡查排查、指导培训、应急处置等工作开展情况，认真做好记录。地质环境调查院和自然资源调查院将每天进驻情况及时上报大队总工办（表5－5），由单位总工办汇总统一上报浙江省地质勘查局领导小组办公室（表5－6）。

表5－5 2021年驻县进乡行动防御“灿都”台风工作情况统计表

（9月11日以来累计数据，每日15时统计一次数据）

单位	已进驻人数/人	巡排查/次	巡排查/处	应急调查报告（表）/份	宣传群众/人
地质环境调查院	41	88	88	2	118

表5－6 2021年驻县进乡行动工作情况统计表

（数据累计截止至9月8日）

单位	已进驻人数/人	巡排查/次	巡排查/处	应急调查报告（表）/份	宣传群众/人	发放资料/份
十一队	69	2148	1395	66	2478	1088

二、地质灾害灾(险)情上报

会同温州市及各县（区、市）自然资源主管部门调查核实后，在县（区、市）自然资源主管部门上报上级部门的同时，及时上报浙江省地质勘查局领导小组办公室。灾(险)情信息报送内容包括地质灾害发生的时间、地点、类型和规模,受灾情况、已采取的措施、损失初步评估、灾害发展趋势及下步工作计划等。

三、注意事项

地质害信息报送应由县(区、市)自然资源主管部门根据信息报送相关要求统一报告上级部门。信息内容应实事求是,不妄加推断,若时间紧急,未能调查清楚灾害的全部信息,可只报送已清楚的内容,待调查清楚后,再详细报告,做到迅速、准确、严谨,严禁发生迟报、错报、漏报和瞒报现象。

四、案例

本文选取了文成县巨屿镇潘山村潘某屋后边坡崩塌地质灾害灾情和险情速报表和苍南县桥墩镇综合加油站后山地质灾害易发区(人口聚集区、重点工程)风险隐患排查速报表,作为示例。

地质灾害灾情和险情速报表

填报单位:　　　　填报时间:2021 年 8 月 8 日

<table>
<tr><td>名称和类型</td><td>文成县巨屿镇潘山村潘某屋后边坡崩塌</td><td>规模/m^3</td><td>15</td></tr>
<tr><td>详细地址</td><td>文成县巨屿镇潘山村建安路 138 号</td><td>发生时间</td><td>8 月 4 日凌晨</td></tr>
<tr><td rowspan="6">主要灾情或险情</td><td>伤/人</td><td colspan="2">0</td></tr>
<tr><td>亡/人</td><td colspan="2">0</td></tr>
<tr><td>直接经济损失/万元</td><td colspan="2">2</td></tr>
<tr><td>毁房/间</td><td colspan="2">0</td></tr>
<tr><td>毁田/亩</td><td colspan="2">0</td></tr>
<tr><td>威胁人口(户/人)及财产/万元</td><td colspan="2">1 户 2 人,20 万</td></tr>
</table>

续表

灾害特征	屋后边坡下方坡表岩体发生崩塌，崩塌体高度约6m，宽度约5m，均厚约0.5m，堆积体体积约15m^3，崩塌体造成房屋一楼后墙及门窗损毁，崩塌体堆积在屋内和坡脚，无人员伤亡
发生主要原因	(1)气象：近日连续降雨； (2)地形地貌：屋后边坡高度约15m，坡向约90°，坡度近直立，边坡坡脚相距民房小于1m； (3)工程地质：边坡为岩质边坡，出露强风化凝灰岩，深黄色，风化较为强烈，以镶嵌结构为主，节理产状为90°∠25°、90°∠85°、20°∠85°
发展趋势	边坡稳定性较差，已发生崩塌，根据工程类比法，边坡在强降雨等作用下存在类似崩塌隐患，规模为小型，对房屋及住户造成威胁
应急防治措施	巨屿镇人民政府和文成县自然资源和规划局巨屿所已通知住户台汛期临时避让
备注	因人员转移及时，处置得当，成功避险

现场照片：

照片1　崩塌堆积体(损毁房屋后墙及门窗)

照片2　边坡及房屋远景

地质灾害易发区(人口聚集区、重点工程)风险隐患排查速报表

调查时间:2021 年 3 月 12 E

排查区编号	2021 - WZCN - 01		
排查区名称	苍南县桥墩镇综合加油站后山	类型	崩塌
排查单位	地质环境调查院	排查人员	史俊龙胡新
排查分类	汛前排查☑　汛中巡查□　汛后复查□		
易发区及等级	高易发区		
人口集聚区、重点工程	坡脚居住村民		
致灾体基本特征	该风险区属丘陵地貌,区内东侧最高点高程约 141.0m,坡脚民房处高程约 31.9m,相对高差约 109.1m,自然斜坡坡度上陡、下缓,高程 95m 以下自然坡度在 25°～35°之间,高程 95m 以上自然坡度在 60°～80°之间。斜坡植被发育,以乔灌木为主,覆盖率约 65%。斜坡陡立段发育有危岩体,可能发生崩塌地质灾害,威胁坡脚村民安全,崩塌体积约 $2000m^3$		
承灾体统计	威胁对象:房屋、村民,人口(户籍________人,常住 20 人),财产 300 万元		
参考阈值与风险分级	1 小时降雨 40mm,4 级;3 小时降雨 100mm,3 级;6 小时降雨 120mm,2 级;24 小时降雨,1 级		
地形地质资料平面图	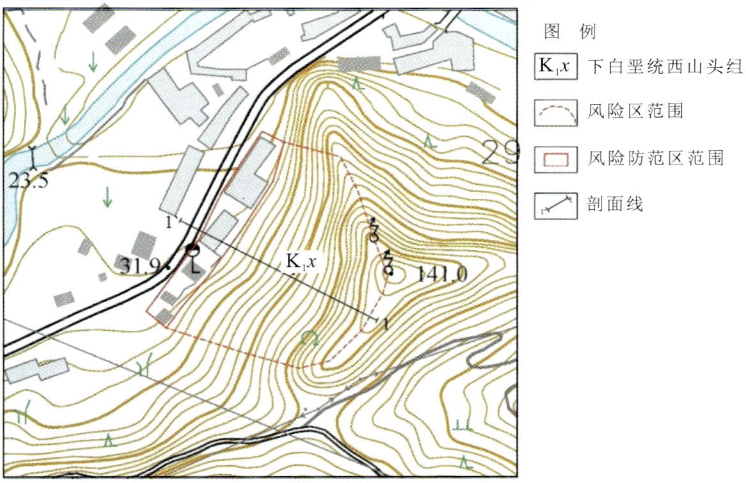		

续表

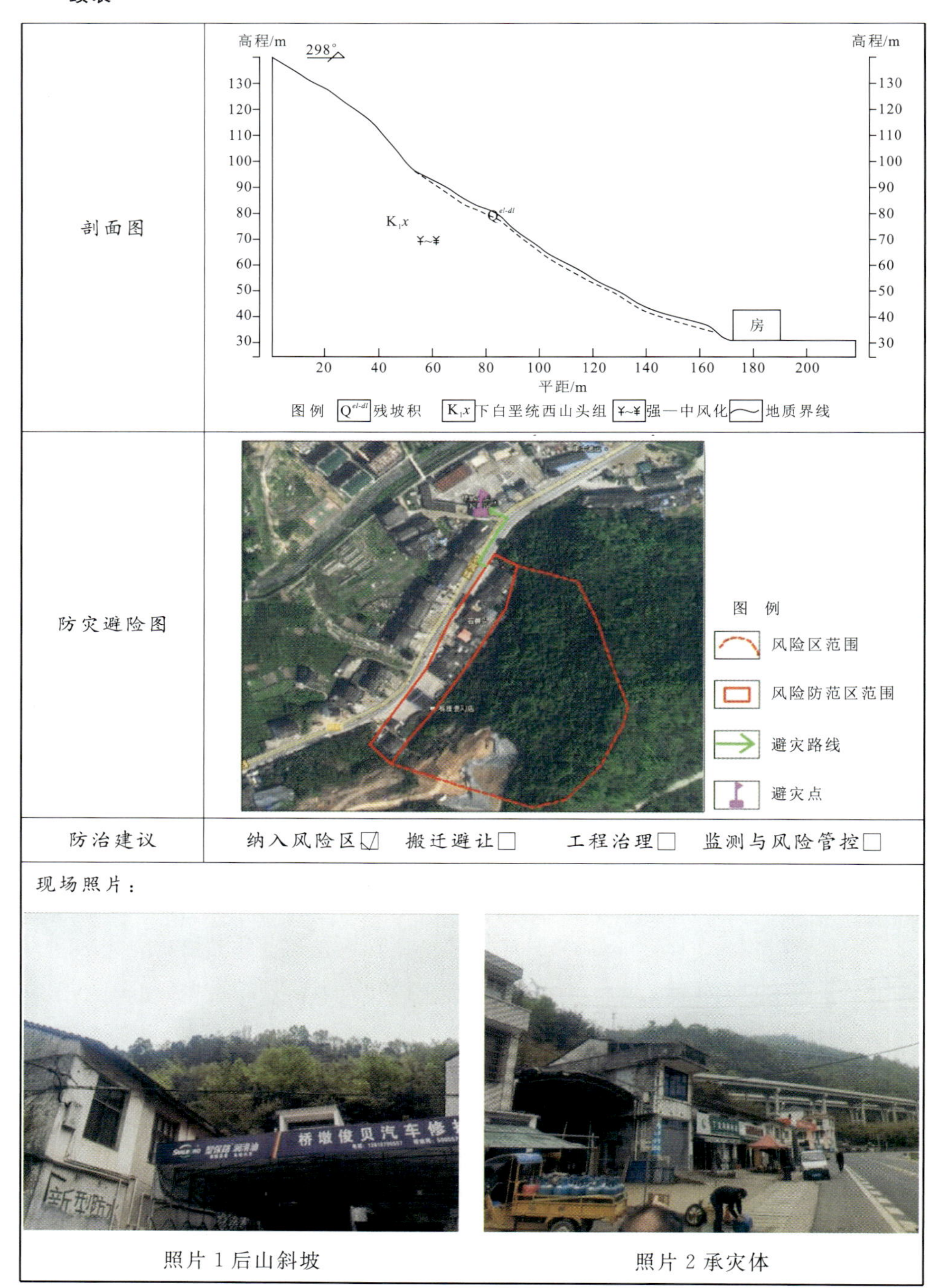

剖面图	
防灾避险图	
防治建议	纳入风险区☑　搬迁避让□　工程治理□　监测与风险管控□

现场照片：

照片 1 后山斜坡　　照片 2 承灾体

第七节 宣 传

驻县地质队员积极协助县(市、区)自然资源主管部门,面向驻守乡镇(街道)工作人员、村干部和群测群防员开展地质灾害防治技术能力培训,对重点乡镇、重点风险防范区内的群众组织开展丰富多彩的防灾减灾救灾主题宣传活动,定期核查乡镇(街道)对危险区范围内群众每年制作和发放“防灾明白卡”“避险明白卡”的情况。

通过区、县广播、电视、微信等媒介和发放宣传小册子等方式,配合政府部门组织开展地质灾害防灾知识宣传(图 5-3)。

开展以“观一部片,看一本书,贴一套画,讲一堂课,发一张卡”为主要内容的“五个一”地质灾害防治知识宣传活动,将地质灾害防治知识送进农村文化礼堂,增强地质灾害易发区群众识灾避灾、自救互救能力。

配合政府部门组织开展辖区内地质灾害防治管理人员、片区负责人和群测群防人员的地质灾害防灾知识培训。培训内容主要包括地质灾害的基本知识,应急避险的基本常识,地质灾害防治管理的相关知识,群测群防工作的主要内容、方法及成功避险经验等(图 5-4、图 5-5)。

第八节 工作配备

各工作小组配备必要的办公设备,包括笔记本电脑、专用平板电脑、打印机等,每个县(市、区)配备一台无人机设备(图 5-6)。地质队员每人配备一套地质灾害应急处置技术装备,包括红外线测距仪、照明设备、罗盘、地质锤、放大镜、望远镜、皮尺、钢圈尺、野外用手电等。驻县进乡地质队员配发相应的服装,同时配备地灾应急背心、雨衣、登山鞋、雨鞋、安全帽及其他劳保用品(图 5-7)。地方自然资源主管部门为驻县进乡地质队员提供必要的办公场地、住宿及用餐条件(图 5-8、图 5-9)。驻县进乡地质队员车辆,根据工作需要由车辆保障组予以保障。驻县进乡地质队员标准化装备见表 5-7。

浙东南突发性地质灾害防灾避险

滑坡

何为滑坡

滑坡指山坡岩土体在重力作用下沿软弱面向下向外滑动的现象，一般由降雨等自然因素或开挖坡脚、堆放弃渣等人为因素诱发。俗称“地滑”“走山”“垮山”“山剥皮”或“土溜”。

滑坡结构要素实景与示意图

滑坡常摧毁房屋，堵塞道路，破坏水库大坝，毁坏农田，造成人员伤亡；滑入江河中的岩土体还可能形成堰塞湖，出现更大险情。如2019年8月10日，受台风“利奇马”影响，永嘉县山早村洪水暴涨导致山体滑坡，造成堰塞湖。

滑坡造成堰塞湖实景与示意图

典型实例

2015年11月13日，丽水市莲都区里东村发生山体滑坡，造成38人遇难，1人受伤，直接经济损失2165万元，是我省迄今为止伤亡最严重的地质灾害。

滑坡前兆

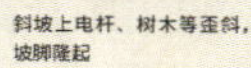

斜坡上电杆、树木等歪斜，坡脚隆起

山坡上部出现裂缝，房屋开裂

山坡上井水水位突然变化，水质浑浊，泉水突然涌出或断流

动物出现异常反应，突然上蹿下跳

紧急避险

不贪恋财物，迅速离开房屋，向滑坡滑动方向的两侧跑

熟知避灾路线和安置点，有序撤离

及时汇报、求救（灾害点责任人联系方式见海报右下角）

预防滑坡

房屋建造前需评估，必须远离高陡山坡

不得随意开挖坡脚

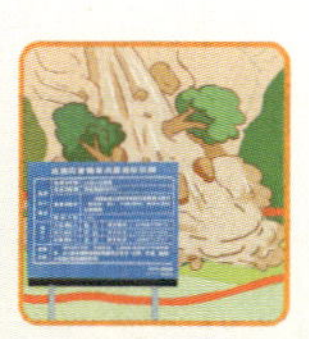

留意身边滑坡隐患点，认识地质害隐患点管理标识牌

驻县进乡　群测群防

群测群防指在政府部门和专业技术人员指导下，通过对受威胁群众宣传培训，建立防灾责任等方法，对地质灾害前兆和动态进行巡查、排查和观测，实现对灾害的及时发现、快速预警和有效避让。我省于2000年开始针对查明的地质灾害隐患点，安排监测员、防灾责任人及驻县进乡工作人员，开展简易观测、不定期巡查的群测群防管理。

地质队员作为驻县进乡工作人员主体，灾前做汛期排查工作，协助自然资源主管部门做好群众培训工作；灾时根据不同等级灾情展开进驻乡县值班及协助应急工作；灾后进行复盘总结工作。

地质灾害隐患点管理信息简表

隐患点位置			
灾害类型			
避灾点位置			
片区负责人		电话	
驻村负责人		电话	
村居负责人		电话	

浙江省第十一地质大队 编

（a）滑坡灾害防治知识宣传

浙东南突发性地质灾害防灾避险

崩塌

何为崩塌

崩塌指陡坡或陡崖上的岩土体在重力作用下突然脱离母体崩落、滚动的现象，一般由降雨等自然因素或开挖坡脚、采矿爆破等人为因素诱发。俗称"崩落"、"塌方"或"垮塌"。

崩塌实景及示意图

崩塌多发生在山地、高原沟谷及陡立河岸等陡峭斜坡带，一般坡度大于50°。崩塌发生突然，速度快，破坏性大，毁坏房屋建筑、道路设施，有时还会使河流堵塞形成堰塞湖。

崩塌危害

本地实例

2018年6月28日9时，乐清市白石街道合湖村塔山道路边坡发生崩塌，损坏汽车和厂房，直接经济损失约20万元。

预防崩塌

不得随意开挖坡脚，不乱采土石（爆破振动易引发崩塌）

雨季关注天气预报，及时避让不在陡崖下停留（雨水渗入裂缝，易引发崩塌）

陡崖路段提高警惕，注意路边标识牌，快速通行不逗留

留意身边崩塌隐患点，认识地质害隐患点管理标识牌

崩塌前兆

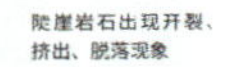

陡崖岩石出现开裂、挤出、脱落现象

陡崖上有石决掉下来，有时传出异响

岩石破碎，易掉块，小崩小塌时有发生

紧急避险

见有石块掉落或陡崖岩石开裂，迅速向两边逃生

因崩塌造成道路通行障碍时，应听从交通指挥，接受疏导

及时汇报、求救（灾害点责任人联系方式见海报右下角）

驻县进乡　群测群防

群测群防指在政府部门和专业技术人员指导下，通过对受威胁群众宣传培训，建立防灾责任等方法，对地质灾害前兆和动态进行巡查、排查和观测，实现对灾害的及时发现、快速预警和有效避让。我省于2000年开始针对查明的地质灾害隐患点，安排监测员、防灾责任人及驻县进乡工作人员，开展简易观测、不定期巡查的群测群防管理。

地质队员作为驻县进乡工作人员主体，灾前做汛期排查工作，协助自然资源主管部门做好群众培训工作；灾时根据不同等级灾情展开进驻乡县值班及协助应急工作；灾后进行复盘总结工作。

地质灾害隐患点管理信息简表

隐患点位置			
灾害类型			
避灾点位置			
片区负责人		电话	
驻村负责人		电话	
村居负责人		电话	

浙江省第十一地质大队 编

（b）崩塌灾害防治知识宣传

（c）泥石流灾害防治知识宣传

图 5－3　地质灾害防治知识宣传手册

图 5-4　地质灾害防治宣传培训(一)

图 5-5　地质灾害防治宣传培训(二)

图 5-6　无人机

图 5-7　人员装备

图 5-8　驻县进乡办公室

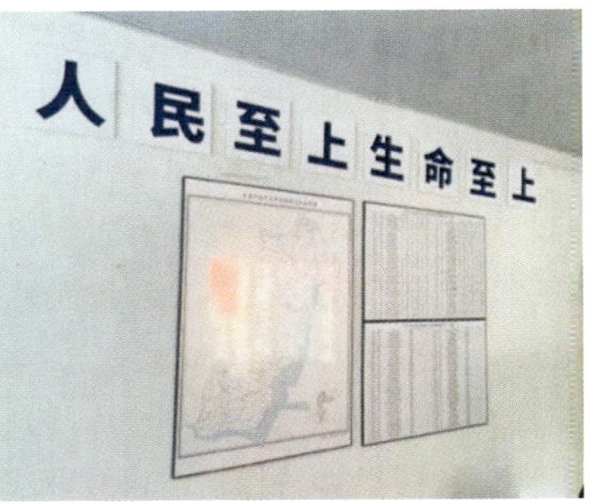

图 5-9　驻县进乡办公室"一图三单"

表 5-7 驻县进乡地质队员标准化装备

各级装备	序号	装备名称	备注
队级装备	1	倾斜摄影仪	队级不少于 1 台
	2	便携式背包钻机	队级不少于 1 台
小组装备	3	便携式无人机	每区(县)组不少于 1 台
	4	手持高精度激光测距仪	每区(县)组不少于 1 台
	5	卫星电话	每小组不少于 1 台
	6	便携式工作站	每区(县)不少于 1 台，满足 ArcGIS、GeoScene 等大型三维可视化软件运行需求
	7	手持 GPS 定位仪	每小组不少于 1 台，防爆手持机
	8	平板	每小组不少于 1 台，搭载地质灾害野外调查数据采集系统 V2.1
个人装备	9	罗盘	每人 1 个
	10	地质锤	每人 1 个
	11	放大镜	每人 1 个
	12	对讲机	每人 1 个
	13	多功能定位自动呼救手表	每人 1 个
	14	地质包	每人 1 个
	15	野外工作服	每人 1 个
	16	登山鞋	每人 1 双
	17	雨伞雨衣雨鞋	每人 1 双
	18	野外急救包	每人 1 个
	19	激光救援手电筒	每人 1 个
	20	登山杖	每人 1 个
	21	望远镜	每人 1 个
	22	安全帽	每人 1 个
	23	保温壶	每人 1 个

第九节　监测预警

驻县进乡地质队员负责对群测群防监测工作进行技术指导，主要包括简易地面变形监测、宏观巡查等精度相对较低的监测内容。

1．纳入群测群防监测预警依据

所有排查出的地质灾害隐患均应纳入区、县群测群防监测预警体系，发现或发生地质灾害后，驻守地质队员及时赶赴地质灾害现场配合乡镇政府（街道办事处）进行处置，判定是否为地质灾害并纳入群测群防监测预警体系。同时对其中稳定性差，对人口聚居区、学校、集镇和重大工程等构成严重威胁的地质灾害隐患点除开展群测群防外，还应提出专业监测或工程治理建议。

2．简易监测

（1）监测点主要选择在地质灾害点变形区域，监测对象和主要内容包括地面、建筑物墙体、房前房后人工边坡裂缝宽度和深度变化及相对和绝对位移；地表水和地下水变化情况；降雨情况。

（2）监测点简易监测方法包括埋桩法、埋钉法、上漆法、贴片法。

目前普适性监测设备主要有倾角计、雨量计、报警器、泥位计和GNSS等（图5－10～图5－13）。

图5－10　倾角计

图5－11　雨量预警器

图 5－12　泥位计

图 5－13　GNNS

(3)监测周期：汛期监测为每 5 天监测 1 次，若发现监测点有异常变化或在暴雨期、暴雨后，应根据具体情况加密观测次数；非汛期简易监测和宏观巡查一般为 10 天或半个月监测 1 次，雨后增加观测 1 次。

3. 预警预报

(1)关注地质灾害气象预报，得知雨情、水情后，分析所驻守区域地质灾害隐患点发展趋势，宜对稳定性差的地质灾害隐患点进行临灾预报，主要内容有地质灾害可能发生的时间、地点、成灾范围和影响程度等，并将情况及时通报区、县地质环境监测站、片区负责人，做好避险预案。

(2)指导群测群防员开展地质灾害监测、排查、巡查、预警预报等地质灾害防治工作。

(3)督促、指导群测群防员正确合理使用群测群防专用手机，并及时准确按规定通过专用手机报送地质灾害信息。

(4)个人不得擅自向社会发布地质灾害预警预报，遇情况特别危急时，通过监测员可以直接向受地质灾害威胁对象通报险情并发布地质灾害预警。

浙东南驻县进乡典型案例

第一节　避险撤离

案例一　乐清市城东街道云海村上叶组叶某海等屋后不稳定斜坡风险防范区

该点原为十一队划定的地质灾害风险防范区，受威胁人数为14户81人、财产为260万元。2020年8月4日凌晨7时左右，受“黑格比”台风带来的强降雨作用，屋后边坡表层松散层发生滑坡，滑坡体堆积于坡脚民房一侧空地，少量土石进入居民房屋内，造成窗户损坏。由于人员提前撤离，避免了伤亡。

一、地理位置

该滑坡点位于乐清市城东街道云海村上叶组叶某海屋后，地理坐标为E120°59′16.6″，N28°09′54.3″。

二、地质环境条件

1. 地形地貌

调查区地貌类型为浙东南侵蚀剥蚀丘陵，斜坡最高点海拔高程为300m，其中一级斜坡海拔高程约235m，坡脚叶某海房屋处海拔高程约8m，最大相对高差约227m。斜坡整体坡度介于30°～35°之间，局部坡度超过35°，局部呈陡崖状。斜坡现状为原始地形，植被覆盖率约60%，以乔木、灌木、毛竹和杂草为主。

斜坡坡脚因切坡建房形成开挖边坡，边坡整体高 5～10m 不等，出露中风化基岩。边坡坡度近直立，处于裸露状态。叶某海房屋东侧为庭院，目前庭院内堆积大量的滑坡堆积体，庭院东侧为浆砌块石挡墙，挡墙高 5～6m 不等，近直立（图 6－1、图 6－2）。

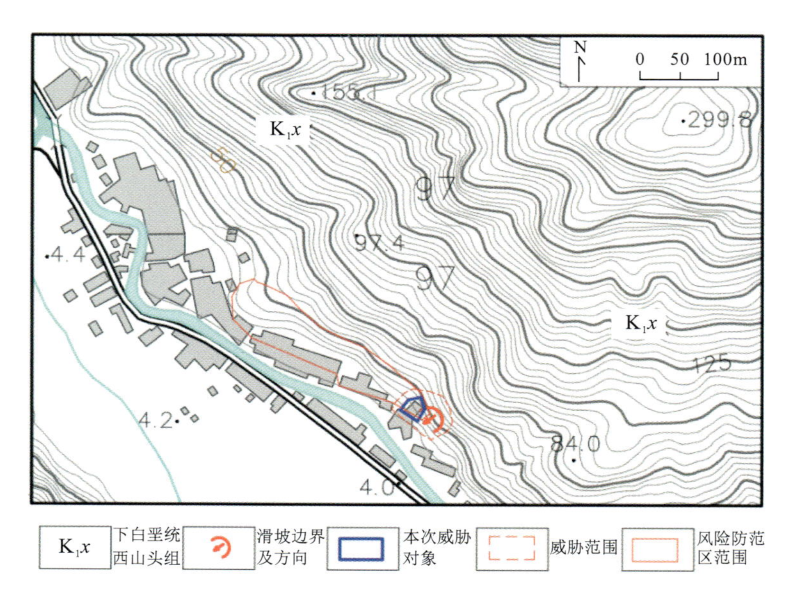

图 6－1　叶某海屋后滑坡平面示意图

图 6－2　叶某海屋后滑坡全貌

2. 地层岩性

调查区出露的前第四纪地层为下白垩统西山头组(K_1x),岩性为英安质晶屑玻屑熔结凝灰岩,凝灰结构、块状构造,坡脚边坡和斜坡上大面积出露中风化基岩。出露的第四纪地层为残坡积层,岩性为粉质黏土含碎块石,主要分布于斜坡表浅部,厚0.5~3m不等,大面积缺失。坡脚为平原区,地层为全新统海积层,岩性为粉质黏土、粉质黏土含碎块石、淤泥及淤泥质黏土等。

3. 地质构造

调查区位于华南褶皱系浙东南褶皱带温州-临海坳陷之东南部,界于黄岩-象山断坳和泰顺-温州断坳之间。附近的区域性断裂有北北东向的温州-镇海深大断裂、北东向泰顺-黄岩大断裂和北西向淳安-温州大断裂。据1∶5万区域地质资料,区域内以北东走向断层最为发育,尤其是北东东走向断层,次为北西走向和近东西走向断层,由此形成区域构造格架。

4. 气象水文

调查区所在的乐清市属亚热带海洋性季风气候区,气候温暖湿润,雨量充沛,四季分明。乐清市多年平均气温17.7℃,极端最高气温41.0℃,极端最低气温−5.8℃,年平均气温自沿海向内陆山区递减,多年平均无霜期258d。据1956—2002年各观测站统计,多年平均降水量为1 763.8mm,年降水量最大为3 648.3mm(1990年砩头站),最小为883.0mm(1979年乐清站)。多年平均降雨日数为175d,暴雨日数为4.5d。降雨量在各地的分布很不平衡,自西北向东南渐少,一般山区比平原大,山区迎风面比背风面大,局部地区易发地形性特大暴雨。

受2019年台风“利奇马”影响,8月9日—10日,乐清市北部地区过程雨量250~350mm。其中福溪水库雨量站处于浙江省暴雨中心,监测到过程雨量为901.8mm,8月9日1日降雨量为858.39mm,为1961年建站以来最大降雨量;8月9日8时~10日8时,芙蓉镇上垟雨量站过程雨量约545.0mm,最大1小时降雨量为73.5mm(10日4时)。

台风“黑格比”影响期间,截至2020年8月4日6时,乐清市全市累计雨量平均值为131.4mm,其中累计雨量最大站龙西砩头站为346.4mm,超过100mm降水的站点有15个。

三、地质灾害特征

本次滑坡发生于叶某海屋后。2020年8月4日7时左右，受台风“黑格比”带来的强降雨影响，叶某海屋后边坡受雨水冲刷和下渗后，土体重度增大，物理力学指标降低，进而造成前缘临空面集中应力增大。当下滑力大于抗滑力后，边坡顶部松散层沿着下伏岩土交界面发生顺层滑坡，从边坡顶部剪出。滑坡纵长约16m，宽约10m，厚1～4m不等，总体积约$400m^3$。滑坡物质由坡表残坡积和少量强风化碎块石组成，沿下方顺坡向结构面(250°∠45°)剪出，造成房屋侧面窗户和庭院外围围墙破损，同时泥浆沿窗户流入房屋内，幸未造成人员伤亡(图6-3)。

图6-3　叶某海受损房屋现场照片

根据揭露，滑坡右翼为残坡积；左翼上部为残坡积，中下部出露强风化基岩，以结构面260°∠90°为边界。该结构面光滑平整，从下至上基本贯通，延展性相对较好，岩体风化相对较为强烈，节理裂隙较发育，以镶嵌块状结构为主，受风化作用影响，局部裂隙呈张开状，张开宽度1～3cm。滑床为底部的中风化凝灰岩，岩体坚硬、完整，节理裂隙发育一般，接触面产状为250°∠45°，属顺坡向结构面，该结构面为本次滑坡的滑面(带)。同时，在滑坡调查过程中，发现滑坡右翼发育一条拉张裂缝，张开宽度约10cm，且已出现明显的下错，下错40cm左右，变形迹象明显。

根据现场调查，屋后滑坡后缘仍分布有一定厚度的松散层，岩土松散破碎，物理力学性质较差。同时，滑坡发生后，高陡的后缘壁形成新的临空面，在强降雨等不利条件下，仍存在滑坡隐患。松散层总体厚1～4m，属于潜在浅层滑坡，潜在隐患体积约$400m^3$，属于小型滑坡隐患。

四、地质灾害应急处置

据现场调查,该段边坡仍存在滑坡隐患,估算潜在滑坡总体积约 $400m^3$,威胁 1 户 6 人和 2 幢房屋,受威胁财产约 10 万元。此外,该边坡及周边为风险防范区,可能遭受崩塌、滑坡或坡面泥石流威胁,受威胁人数为 14 户 81 人。

灾害发生后,相关情况已上报相关部门,有关部门已到现场开展调查,设立了警戒线及警戒标志,并要求在进行工程治理之前,如遇长时间降雨或强降雨,人员应避让;同时加强巡查观测,及时上报新出现的变形情况,后续进行工程治理。

五、成效

该风险防范区原为不稳定斜坡,之后十一队将其划定为风险防范区,威胁人数为 14 户 81 人、财产为 260 万元。2020 年 8 月 4 凌晨 7 时左右,受"黑格比"台风带来的强降雨作用,屋后边坡表层松散层发生滑坡,滑坡体宽约 10m,长约 10m,体积约 $400m^3$。滑坡体堆积于坡脚民房一侧空地,少量土石进入居民房屋内,造成窗户损坏。由于人员提前撤离,避免了伤亡。

六、启示

在乡镇地质灾害风险调查尚未全面开展之际,结合以往成果,准确划定地质灾害风险防范区是十分必要的。

案例二 乐清市智仁乡智胜村大树岗牟某良屋后泥石流风险防范区

该点原为十一队划定的地质灾害风险防范区,受威胁人数为 1 户 1 人、财产为 20 万元。受"黑格比"台风带来的强降雨作用,该处发生泥石流,部分泥石流堆积体冲进屋内,由于人员提前撤离,避免了伤亡。

一、地理位置

该泥石流点位于智仁乡智胜村，地理坐标为 E121°07′20.28″，N28°31′24.96″。

二、地质环境条件

1. 地形地貌

调查区属丘陵地貌，斜坡坡顶海拔高程为 506.5m，大树岗村牟某良民房位于高程约 380.0m 处，与坡顶相对高差约 126.5m。斜坡上部坡度 30°～35°，下部坡度 15°～20°，坡脚一段较平缓，部分改造为梯田，呈台坎状，台坎一般高 1～1.5m。上部自然斜坡植被发育一般，主要为竹林和灌木。

2. 地层岩性

根据区域基础地质资料，结合本次地质调查，调查区下伏基岩为下白垩统西山头组（K_1x）流纹质晶屑熔结凝灰岩，第四纪地层主要为残坡积层（Q^{el-dl}）。

3. 地质构造

调查区位于华南褶皱系浙东南褶皱带温州-临海拗陷之东南部，介于黄岩-象山断拗和泰顺-温州断拗之间。附近的区域性断裂有北北东向温州-镇海深大断裂、北东向泰顺-黄岩大断裂和北西向淳安-温州大断裂。据 1∶5 万区域地质资料，区域以北东走向断层最为发育，尤其是北东东走向断层，次为北西走向和近东西走向断层，由此形成区域构造格架。

4. 气象水文

调查区所在的乐清市属亚热带海洋性季风气候区，气候温暖湿润，雨量充沛，四季分明。乐清市多年平均气温 17.7℃，极端最高气温 41.0℃，极端最低气温－5.8℃，年平均气温自沿海向内陆山区递减，多年平均无霜期 258d。据 1956—2002 年各观测站统计多年平均降水量为 1 763.8mm，年降水量最大为 3 648.3mm（1990 年砩头站），最小为 883.0mm（1979 年乐清站）。多年平均降雨日数为 175d，暴雨日数为 4.5d。降雨量在各地的分布很不平衡，自西北向东南渐少，一般山区比平原大，山区迎风面比背风面大，局部地区易发地形性特大暴雨。

受2019年第9号台风“利奇马”影响，温州地区出现持续强降雨天气，此次台风降雨区域集中在永嘉和乐清北部，乐清北雁荡3小时雨量达232mm，西门岛1小时雨量达99mm。其中，8月8日8时至8月10日1时乐清市雨量为226.3mm，乐清福溪水库单站雨量达418.8mm。乐清市智仁乡位于乐清北部，受台风影响严重，受强降雨影响多发地质灾害。

三、地质灾害特征

受2019年第9号台风“利奇马”影响，8月10日2时左右，乐清市智仁乡智胜村大树岗牟某良屋后冲沟发生泥石流，冲沟流域总面积约为0.05km²，沟道宽1～2.5m，深0.5～2.5m，沟道坡度约25°。泥石流发生后，堆积物分散堆积于屋后，总体积约200m³，幸未造成损失。沟道两侧植被倾倒至沟内，沟岸多有坍塌，单体体积5～10m³不等（图6-4、图6-5）。

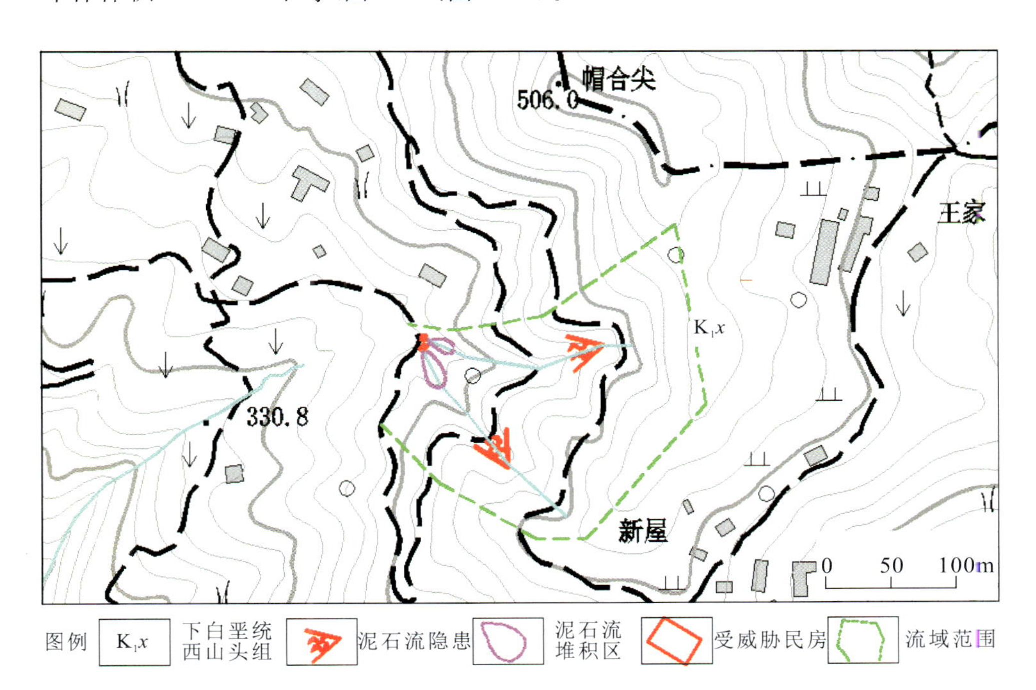

图6-4　牟某良屋后泥石流平面示意图

图 6－5　牟某良屋后及屋内泥石流堆积体

沟道切割较深，沟岸坡洪积堆积层较厚，工程性质较差。冲沟汇水面积较大，沟道两侧斜坡上陡下缓，受强降雨影响，短时间汇集大量雨水冲刷沟道，造成多处沟岸坍塌，坍塌物质沿沟道刮擦，带走大量泥砂、石块，最终形成泥石流地质灾害。

四、地质灾害应急处置

受 2020 年台风“黑格比”影响，自 8 月 3 日上午起，乐清市大范围暴雨。3 日 8 时，浙江省自然资源厅发布地质灾害气象风险等级预报，乐清市未来 24 小时地质灾害气象风险较高（黄色）。10 时 30 分，乐清市应急管理局、自然资源和规划局、水利局与气象局联合发布中小河流洪水、小流域山洪、地质灾害气象风险橙色预警。划定的乐清市智仁乡智胜村大树岗牟某良屋后泥石流风险防范区需进行人员撤离，3 日 18 时前，智仁乡政府完成人员转移任务。4 日 4 时牟某良屋后沟谷发生坡面泥石流，约 $700m^3$ 土石方顺沟谷而下，土石方冲入居民房屋内，所幸未造成人员伤亡。

灾情发生后，乐清市自然资源和规划局会同十一队立即开展地质灾害应急调查，设置警示标志，并通知村民禁止在坡脚一带活动。经现场勘查，这次灾情由强降雨诱发上部道路外侧填方边坡滑坡，沿沟谷负地形下滑，导致形成坡面泥石流地质灾害，所幸人员撤离及时，无一伤亡，成功避险。

五、成效

2018 年 1 月十一队受委托承担乐清市智仁乡大树冈村庄规划地质灾害危险性评估，调查认为牟某良屋后盘山公路沿线有弃渣分布，遇强降雨易发生失稳，冲至沟内可能形成泥石流灾害，因此将沟口划为地质灾害危险性中等区，要求做好冲沟的排导措施，定期疏导。

2019 年“一张图”工作中，十一队将其划为风险区进行管理，名称为“乐清市智仁乡智胜村大树岗牟某良屋后泥石流风险防范区（风险区编号 330382FF0164）”，该风险防范区受威胁人数为 1 户 1 人、财产为 20 万元。

六、启示

在乡镇地质灾害风险调查尚未全面开展之际，结合以往成果，准确划定地质灾害风险防范区是十分必要的。

第二节　搬迁避让

案例一　乐清市仙溪镇石碧岩村泥石流

一、地理位置

该泥石流位于乐清市仙溪镇石碧岩村，地理坐标为 E121°02′35.2″，N28°25′19.8″。

二、地质环境条件

1. 地形地貌

调查区属低山地貌，山体坡顶最高海拔高程约758m，坡脚沟口处道路高程约80m，相对高差约678m。自然斜坡坡度上陡下缓，高程450m以上斜坡坡度35°～40°，高程450m以下斜坡坡度25°～30°，坡脚段较平缓，坡度约20°。斜坡植被发育，以乔灌木和杂草为主，下部分布梯田台坎，种植果树和其他作物，覆盖率约65％。

斜坡发育冲沟，冲沟主沟道总长约1440m，上游分为3条支流，沟道汇水面积约1.08km²，纵比降为471‰。沟道总体宽2～8m，深0.5～2.0m，呈"V"形、"U"形。高程450m以下沟底坡度25°～30°，局部平缓，坡度小于20°，高程450m以上坡度35°～40°，沟内堆积大量正长岩块石，块石多成棱角状，块径一般在10～50cm之间，个别较大者可达1.5m以上。

2. 地层岩性

调查区内出露的第四系为泥石流堆积层和残坡积层，区域侵入岩为燕山晚期斑状石英正长岩。

(1)第四系泥石流堆积层(Q^{set})：主要堆积在冲沟中下游，物质组成为正长岩块石和松散层混合物，堆积厚度不均，最厚约4.0m。

(2)第四系残坡积层(Q^{el-dl})：主要分布于斜坡表浅部，岩性主要为粉质黏土含碎石，黄褐色，结构稍密，硬塑状，碎石含量15％～20％，成分为次棱角状全—强风化正长岩。残坡积层厚1.0～1.5m。

(3)燕山晚期斑状石英正长岩(ξo_5^3)：区内出露基岩为斑状石英正长岩，块状构造，斑晶主要为石英和正长石，局部边坡可见全风化状正长石，沟底中上部出露强—中风化基岩。

3. 气象水文

调查区所在的乐清市属亚热带海洋性季风气候区，气候温暖湿润，雨量充沛，四季分明。乐清市多年平均气温17.7℃，极端最高气温41.0℃，极端最低气温−5.8℃，年平均气温自沿海向内陆山区递减，多年平均无霜期258d。据1956—2002年各观测站统计，多年平均降水量为1 763.8mm，年降水量最大为3 648.3mm（1990年硐头站），最小为883.0mm（1979年乐清站）。多年平均降雨日数为175d，暴雨日数为4.5d。降雨量在各地的分布很不平衡，自西北向东南渐少，一般山区比平原大，山区迎风面比背风面大，局部地区易发地形性特大暴雨。乐清市常受台风暴雨侵袭，地质灾害多发易发。

受2019年第9号台风“利奇马”影响，温州地区出现持续强降雨天气，此次台风降雨区域集中在永嘉和乐清北部，乐清北雁荡3小时雨量达232mm，西门岛1小时雨量达99mm。其中，8月8日8时至8月11日1时乐清市雨量为226.3mm，乐清福溪水库单站雨量达418.8mm。

三、地质灾害特征

2004年“云娜”台风期间，该点发生泥石流灾害（图6－6、图6－7），体积约16 000m^3，造成3间民房损毁，1户7人伤亡。

2019年“利奇马”台风期间，受强降雨影响，大量雨水汇集到冲沟内，带动沟内块石物源顺流而下，一路裹挟刮铲，在8月10日凌晨2—3时再次发生泥石流（图6－8、图6－9），体积约3000m^3，泥石流堆积于沟口空地和道路上，造成排导槽、农田和道路损坏，经济损失10万元，未造成人员伤亡。

图6－6　2004年石碧岩村泥石流

图6－7　2004年石碧岩村泥石流沟口堆积

图 6-8 2019 年石碧岩村泥石流沟口堆积

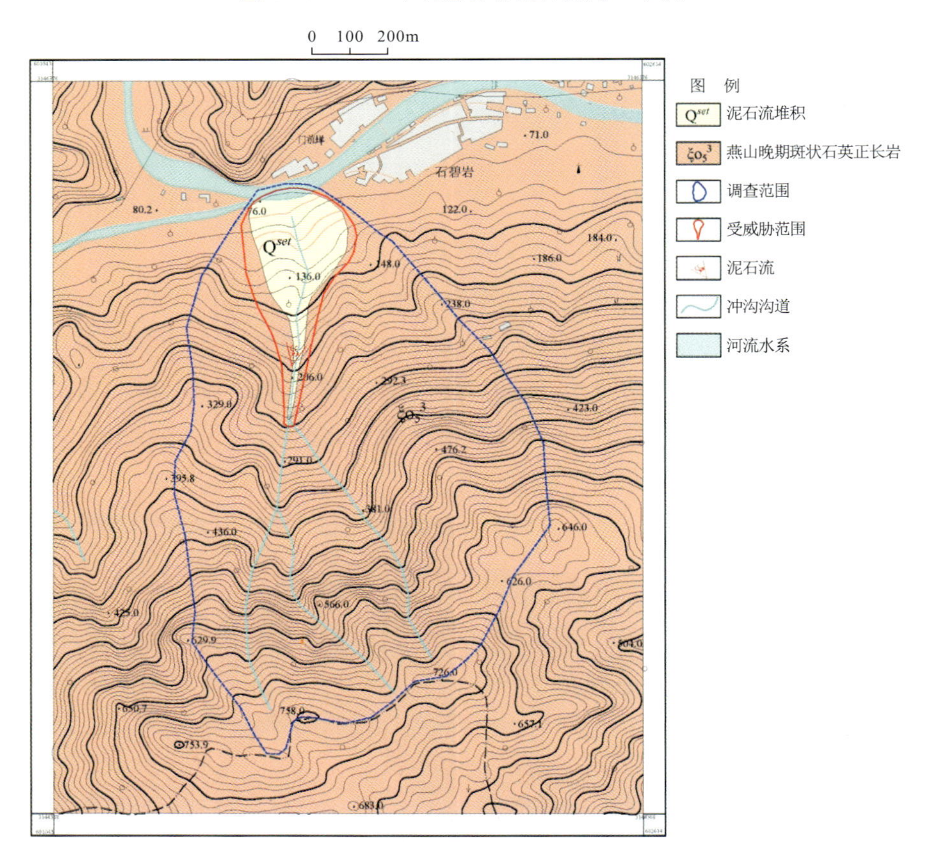

图 6-9 2019 年石碧岩村泥石流平面示意图

四、避让搬迁

2017 年 6 月，乐清市仙溪镇人民政府组织该泥石流危险范围内 1 幢 3 间民房共 3 户 12 人搬迁避让，投入安置经费约 27.9 万元，搬迁后土地不作为建设用地使用，搬迁后无威胁对象。2017 年 11 月，因威胁范围内人员已搬迁避让，该泥石流防范区无威胁对象，所以该防范区被核销。搬迁后仍保留地质灾害警示牌，保持巡查观测。

五、成效

石碧岩村地处雁荡山区，属于浙东南暴雨中心，常遭受台风暴雨袭击。石碧岩村泥石流沟流域范围内物源丰富，地形陡峻且易于汇水，在强降雨影响下，极易发生泥石流。2017 年，当地政府组织该泥石流危险范围内村民避让搬迁，搬迁后泥石流无威胁对象，2019 年“利奇马”台风期间该沟再次发生泥石流，因人员已避让搬迁，避免了伤亡。

六、启示

2017—2019 年，浙江省人民政府开展了地质灾害“除险安居”三年行动，全省共投入资金 58.24 亿元，实施地质灾害工程治理项目 2152 个、避让搬迁项目 1874 个。乐清市石碧岩村泥石流实施了避让搬迁，人民生命财产安全得到了有效保障，“除险安居”三年行动取得显著成效。

案例二 乐清市仙溪镇白岩山村下屋泥石流

一、地理位置

该泥石流位于乐清市仙溪镇白岩山村下屋，地理坐标为 E121°03′04″，N28°24′24″。

二、地质环境条件

1. 地形地貌

调查区属低山地貌，冲沟沟口村庄高程240～250m，冲沟溯源至分水岭高程约657m，相对高差约410m，冲沟长约796m，汇水面积约0.45km²。白岩山村一带的斜坡上陡下缓，从下到上第一斜坡主要为梯田，坡度较缓(约15°)；第二斜坡坡度较下方梯田坡度缓(25°～30°)，沟道左侧为松树，右侧为灌木；第三斜坡坡度最陡(35°～40°)，植被较茂盛，且顶部有多条支流汇入。

2. 地层岩性

该冲沟所在的山体以高程300m一线为地质界线，300m以上基岩岩性为斑状石英正长岩(ξo_5^3)，山坡上有厚0.5～1m的残坡积层，沟源地带的山坡上存在残坡积物及全—强风化层，表层残坡积物和全—强风化层可形成坡面泥石流进入沟中，启动沟谷泥石流。因此，沟源地带石英正长岩的全—强风化物及残坡积物形成的坡面泥石流是沟谷泥石流启动物源。高程300m以下基岩岩性为下白垩统小平田组(K_1xp)凝灰岩，主要出露于沟道底部，在沟口处有少量堆积。下游两侧斜坡主要为耕植用地。

泥石流堆积物主要分布于冲沟中下游，岩性为碎块石夹砂质黏土，碎块石含量约70%，砂质黏土含量约30%，碎块石直径20～40cm，最大直径约5m。原岩成分绝大部分为石英正长岩，约占70%，其次为凝灰岩，约占30%。

3. 气象水文

调查区所在的乐清市属亚热带海洋性季风气候区，气候温暖湿润，雨量充沛，四季分明。多年平均降水量为1 763.8mm，年降水量最大为3 648.3mm(1990年碘头站)，最小为883.0mm(1979年乐清站)。多年平均降雨日数为175d，暴雨日数为4.5d。降雨量在各地分布很不平衡，自西北向东南渐少，一般山区比平原大，山区迎风面比背风面大，局部地区易发地形性特大暴雨。乐清市常受台风暴雨侵袭，地质灾害多发易发。

受2019年第9号台风“利奇马”影响，温州地区出现持续强降雨天气，此次台风降雨区域集中在永嘉和乐清北部，乐清北雁荡3小时雨量达232mm，西门岛 1 小时雨量达 99mm。其中，8 月 8 日 8 时至 8 月 11 日 1 时乐清市雨量为 226.3mm，乐清福溪水库单站雨量达 418.8mm。

三、地质灾害特征

据访问，受“云娜”台风带来的特大暴雨影响，2004 年 8 月 13 日 5 时许，乐清市仙溪镇白岩山村发生泥石流，据村民反映房子有明显震感，时间持续 3～5min。灾害发生后，泥石流自上游至沟口将原宽 1～3m、深 1～2m 的沟道冲蚀成长 500m、宽 10～60m、深 3～5m 的沟槽，泥石流规模约 14 000m^3（图 6－10）。该次泥石流冲毁民房 26 间，造成了 8 人死亡。

2019 年“利奇马”台风期间，该沟再次发生泥石流，体积约 4000m^3（图 6－11、图 6－12），因下方村庄已搬迁，未造成人员伤亡。

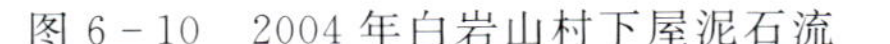

图 6－10　2004 年白岩山村下屋泥石流

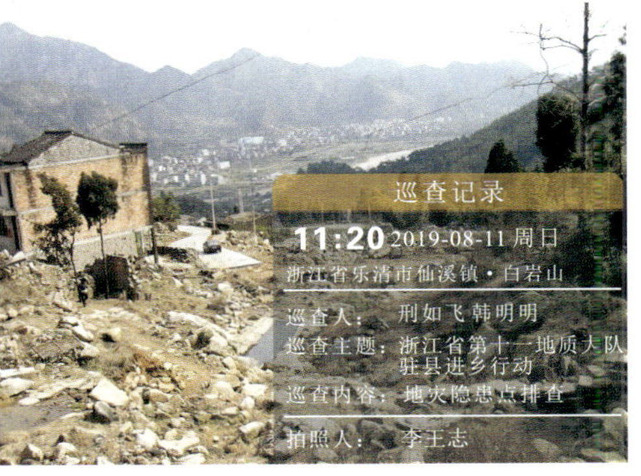

图 6－11　2019 年白岩山村下屋泥石流现场

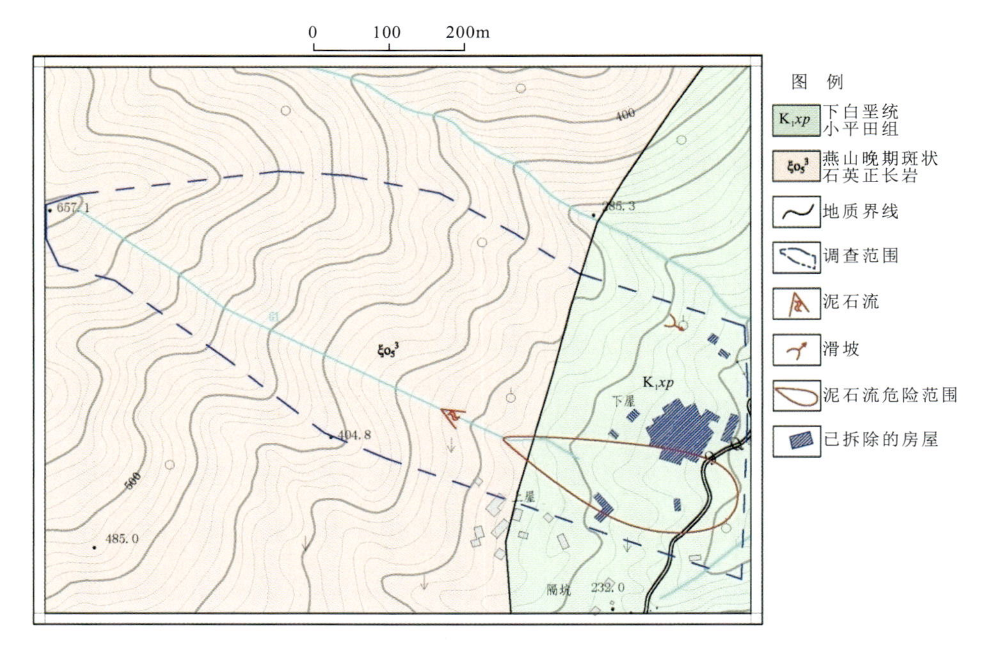

图 6-12　2019 年白岩山村下屋泥石流平面示意图

四、避让搬迁

乐清市仙溪镇白岩山村下屋地质环境条件差，村庄沟谷多处存在泥石流隐患，且局部山体存在滑坡隐患。因此，综合考虑后，当地政府对该自然村进行整村搬迁。

2017 年 8 月，乐清市仙溪镇人民政府对该泥石流影响的下屋进行整村搬迁，共搬迁 136 户 332 人，累计补助资金约 282.4 万元。安置采取货币安置、利用国有土地在本乡镇集中安置及跨乡镇集中安置 3 种方式进行，搬迁后土地不作为建设用地使用，搬迁后无威胁对象。

五、成效

白岩山村地处雁荡山区，上游地形陡峭，易于汇水，分布斑状石英正长岩，物源丰富，加之属于暴雨中心，极易发生泥石流，2004 年和 2019 年 15 年内发生两次泥石流。2019 年“利奇马”台风期间，该沟发生泥石流时因人员已避让搬迁，避免了群死群伤事件的发生。

六、启示

2017—2019年，浙江省人民政府开展了地质灾害“除险安居”三年行动，其中乐清市仙溪镇白岩山村泥石流搬迁投入资金约282.4万元，有效保障了333人的生命财产安全，社会效益显著。

第三节　应急处置

案例一　永嘉县黄田街道千石村千石水库北侧山体崩塌

一、地理位置

永嘉县黄田街道千石村坐落于永嘉县与温州市区之间，与温州市区隔江相望，南临104国道，直通金丽温、甬台温高速公路，省道仙青公路贯穿其中，且拥有动车永嘉站，水陆交通便利，地理位置优越。近年来千石村发展迅速，是以工业为主导的经济强村。千石水库位于村庄西部丘陵和平原交界地段，水库北侧分布一条公路，该公路是通往山顶寺庙和当地居民进行锻炼、垂钓等休闲活动的必经之路。

二、地质环境条件

千石水库北侧斜坡属丘陵地貌，山顶最大高程为135m，坡脚道路高程约15m，相对高差为120m(图6－13)。斜坡地形上陡下缓，顶部发生崩塌区的坡度达65°，局部近直立，呈陡崖状。下部坡度30°～40°，坡脚处道路宽度为6m左右。顶部陡坡区域植被零星发育，主要为杂草；下部缓坡较发育，大面积生长低矮灌木。

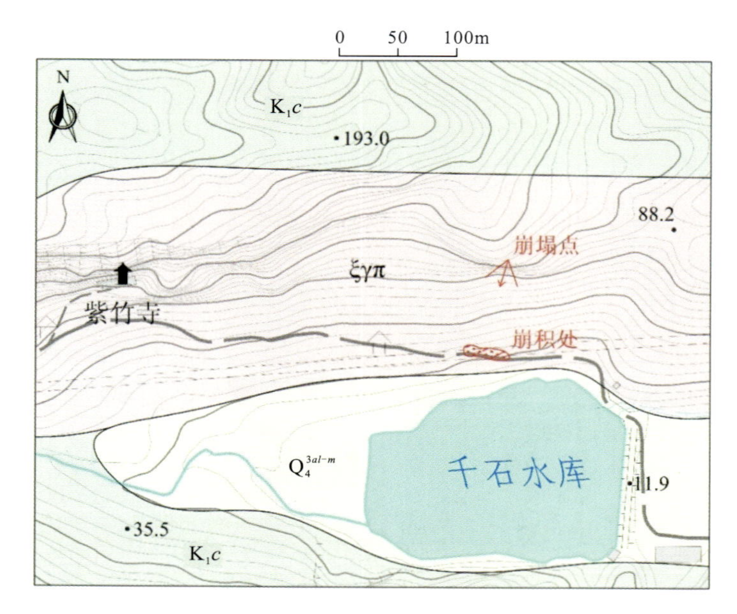

图6-13　千石水库北侧山体崩塌平面位置示意图

区内第四纪地层包括崩坡积层(Q^{col-dl})和残坡积层(Q^{el-dl}),其中崩坡积层主要分布于下部缓坡表层,岩性为黄褐色、灰褐色碎石土,厚度变化较大,自上而下逐渐增大,最大可达4m左右。残坡积层主要分布于顶部斜坡表层,岩性为黄褐色、灰褐色含碎石粉质黏土,厚度小于0.5m,局部缺失,植物根系较为发育。斜坡上出露的前第四纪地层为下白垩统朝川组(K_1c),岩性为凝灰岩,颜色为灰白色、灰色,强—中风化,节理发育一般,呈整体—块状结构,岩石坚硬,主要分布于下部缓坡区域。岩脉主要分布于顶部的陡崖区域,岩性为霏细斑岩($\nu\pi$),颜色为肉红色,斑状结构,呈强—中风化,节理、裂隙较为发育,岩脉呈东西走向,宽度约50m,是崩塌的物质来源。

区内发育一条断裂,走向65°,受其影响,岩体节理、裂隙较为发育,主要有3组结构面:①J_1,160°~180°∠65°~80°,剪节理,面较为平直,张开最大可达1.0m,节理边缘充填泥土、破碎岩体,为顺坡向陡倾结构面,延伸长度可达40m左右,控制着顶部危岩体的发育;②J_2,60°~80°∠50°~65°,剪节理,面平直,张开可达20cm,与坡向近垂直,延伸长度最大可达30m,间距为10~20m,将危岩体进行切割;③J_3,220°~230°∠30°~55°,剪节理,面平直,张开最大为10cm,延伸长度为5~10m,分布于陡崖下部。

三、地质灾害特征

2015年12月10日上午9时许，永嘉县黄田街道千石村千石水库北侧山体陡崖处发生崩塌，崩塌体总体积约250m³。崩塌在滚落的过程中掀揭了下方斜坡表层的松散层，堆积于坡脚的公路上和水库里，造成下方道路、防护栏被毁，直接经济损失5万余元，所幸未造成人员伤亡（图6－14～图6－16）。

图6－14　千石水库北侧崩塌全貌

图6－15　崩塌发生于山体上部陡崖

图6－16　坡脚公路上崩塌堆积体

发生崩塌后，驻县进乡地质队员第一时间赶赴现场，与当地政府部门工作人员一起开展应急调查。调查发现崩塌处斜坡下部可见大粒径块石，粒径5～8m，呈次圆状—次棱角状，为历史上发生的崩塌。由于顶部岩体结构面发育、相互切割，且发育有顺坡向结构面，初期危岩体底部的块石沿着结构面发生滑移式崩塌，导致整个危岩体底部悬空。随着时间的推移，底部的危岩体发生滑移式与坠落式相结合的破坏，且上部危岩体与母岩之间的结构面逐渐张开，形成新的崩塌隐患，导致顶部整个危岩体的失稳。

四、地质灾害应急处置

调查组通过认真研判、科学决策，建议分两步处置该崩塌。

第一步：采取应急排险措施，包括①圈定危险范围，并设立警示标志；②封闭危险路段；③落实专人对斜坡进行监测，确保险情再次发生时能及时采取处理措施；④根据监测情况，清除路面崩塌堆积物，清除工作应避开降雨天气，施工工作中应同时注意对隐患危岩进行监测，一旦发现危岩有失稳迹象，应立即停止施工，撤离人员。

第二步：委托具备相关资质的单位对千石水库北侧斜坡进行调查，根据调查结论再行处理。通过专项调查后认为该崩塌稳定性差，仍可能再次发生类似的崩塌变形破坏，潜在总规模约1200m^3，危及坡脚公路及水库的安全，建议进行工程治理。

根据崩塌发育特征，提出两种设计方案。

方案一：清坡＋主动防护网＋锚索；

方案二：清除危岩体＋清坡＋被动柔性防护网。

二者比较，方案一工期长，造价较高，施工难度较大，且危岩体位于斜坡顶部，高差大，后缘结构面张开，而坡脚为道路和水库，现已被损坏，有足够的安全空间。因此选择方案二（图6－17），直接清理危岩体，并清理下方坡面上残留的小方量危岩体，防止坡面遗留的小块石崩落或松散层滑塌，并在平台设置被动防护网。

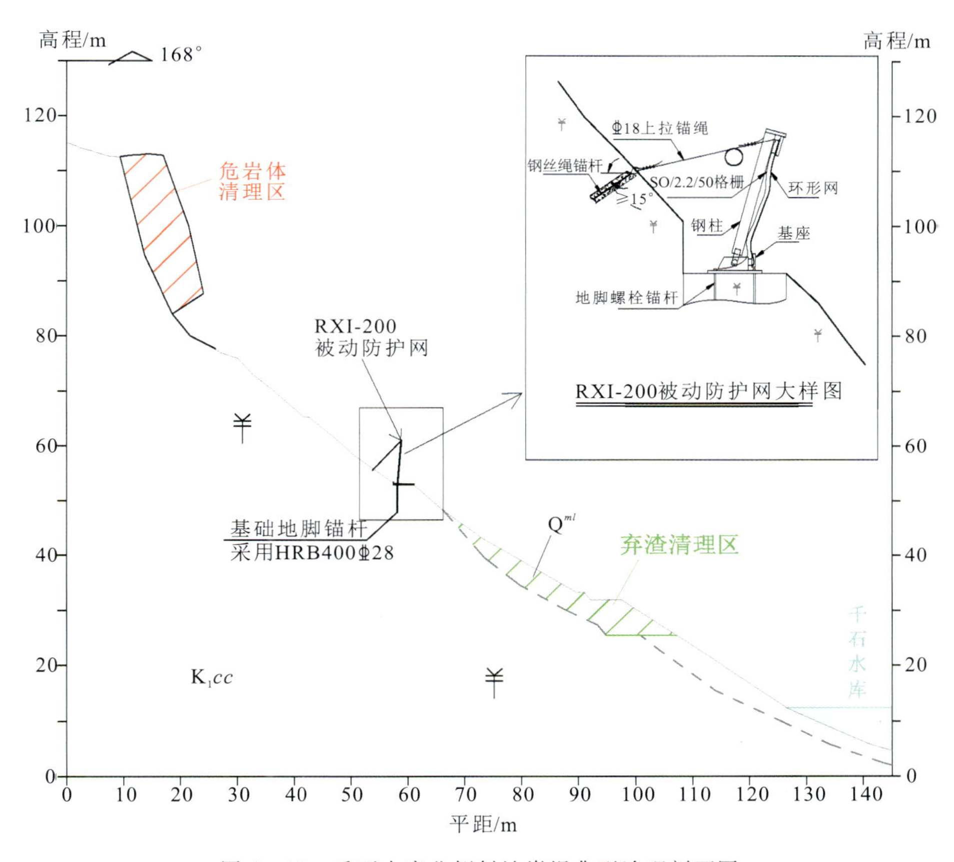

图 6－17 千石水库北侧斜坡崩塌典型治理剖面图

五、取得的成效

通过应急处置及工程治理的实施，黄田街道千石村千石水库北侧斜坡崩塌隐患消除，不但使坡脚道路及过往行人车辆免受威胁，维护了当地社会稳定和人民群众的安居乐业，而且修复了当地生态环境，对构建和谐社会、促进社会长期稳定和有序发展具有重要意义。

案例二 青田县山口镇封门山崩塌

一、地理位置

青田县山口镇封门山崩塌位于青田县山口镇与方山乡交界附近的封门山东侧山坡，直距北侧57省道约4km，坡脚为山口至方山公路，交通便利。地理位置中心点坐标为E120°18′17″，N28°02′50″（图6－18）。

图6－18 封门山崩塌及周边影像图

二、地质环境条件

崩塌区地貌以丘陵为主，崩塌点所处斜坡海拔高程67.9～424.0m，最大相对高差356.1m。自然斜坡坡度陡，平均坡度介于35°～45°之间，斜坡多出露强—中风化凝灰岩，上部普遍为陡崖。坡面植被较发育，主要为杂草、灌木等。坡脚为方山溪，宽20～30m，其东侧为方山线公路，宽约6m，距离斜坡坡脚约40m。

区内出露基岩包括燕山晚期的花岗斑岩和下白垩统西山头组（K_1x）凝灰岩。下白垩统西山头组岩性为凝灰岩，呈青灰色、灰紫色，块状构造，硅化和叶蜡石化较严重。潜火山岩主要分布于方山溪两岸，侵入于下白垩统西山头组凝灰岩，呈灰白色、浅肉色，斑状结构，块状构造。第四系主要有崩积层和残坡积层。崩积层岩性为碎石土和黏性土混碎块石，块石粒径普遍为30～100cm，局部为粒径100～300cm的巨石，主要分布于斜坡坡面上，层厚一般0.5～2.5m。残坡积层岩性为含碎块石粉质黏土，广泛分布于山体浅表部，层厚0.5～1.6m，陡坡地段缺失。

区内构造以断裂为主，褶皱不发育。主要发育F_1～F_4四条断裂，特征如下：①F_1断裂呈北东向通过封门矿区，延伸长大于2.0km，宽2～3m，产状130°∠70°，带内岩石破碎强烈，呈压碎岩状，属压性断裂；②F_2断裂呈北西向通过封门矿区，延伸长约0.5km，宽1～2m，产状40°∠60°，带内岩石破碎强烈，呈碎裂岩，属张性断裂；③F_3断裂位于调查区北侧，呈北西走向，延伸长大于1.5km，推测为张性断裂；④F_4断裂位于调查区北东侧，呈北东走向，延伸长大于2.0km，推测为压性断裂。

三、地质灾害特征

2014年8月14日凌晨，封门山东侧斜坡发生山体崩塌，体积约2000m^3，部分块石弹跳至方山溪右岸的公路上，坡面残留大量块石，堆积厚度达1～2.5m，未造成人员伤亡。崩塌物源位置为青田县封门矿区PD01（硐口标高257.313m）中段硐口（土名棺材缝硐）的上部边坡。该中段开拓平硐贯穿部分山体，硐内已形成较多采空区，且分布范围较大，目前该矿硐已坍塌，人员无法进入。本次崩塌主要受到中段坍塌的影响。崩塌物源区高程介于300～350m之间，崩落最大高差约280m，主崩方向约120°，崩塌体以块石、巨石为主，粒径普遍介于0.3～1.0m之间，局部为粒径1.5m以上的巨石，主要堆积于斜坡坡面上，部分滚落堆积于方山溪河床上，属小型岩质崩塌（图6-19、图6-20）。

自然斜坡上部陡崖受结构面切割形成危岩，山体上部坡面上的落石、矿渣堆积于较陡的坡面上，这些危岩和矿渣遇到强降雨等不利情况容易发生崩塌，构成崩塌的主要物源。崩塌物源区主要集中在高程300～350m，破坏模式以坠落式崩塌和滑移式崩塌为主，潜在体积上万立方米。目前，斜坡坡面堆积崩塌体和矿

图 6-19　封门山崩塌体堆积于坡面上

图 6-20　封门山崩塌体堆积于河床上

渣，岩性以碎石土、黏性土混碎块石、砂土为主，块石粒径普遍为 30～100cm，局部为粒径 100～300cm 的巨石，层厚一般 0.5～2.5m。这些堆积体结构松散，堆积坡度达 35°～40°，在外力作用下堆积体容易沿原始坡面发生浅层滑坡。

发生崩塌后，驻县进乡地质队员第一时间赶赴现场，与当地政府部门工作人员一起开展应急调查。通过应急调查分析，认为区内地质灾害主要包括崩塌和坡面矿渣滑坡。崩塌物源区主要集中在高程 300～350m，根据以往崩塌体运动轨迹分析，崩塌威胁区范围距离坡脚约 80m，威胁方山线公路行人及车辆的安全，潜在威胁面积约 6000m^2。坡面矿渣滑坡主要威胁坡脚方山溪，容易堵塞河道，由于公路与坡脚相隔一条宽 20～30m 方山溪，对方山线公路影响较小。

四、地质灾害应急处置

根据区内地质灾害特征，提出以下应急防治方案（图 6-21、图 6-22）。

（1）对坡脚公路的危岩进行清除，并对斜坡上部坡面上的大块石进行破解，其余危岩不予以清除。

（2）对崩塌落石主体采取被动拦挡措施，在斜坡下游布置一道钢混拦挡墙，拦挡墙顶部再设置一道防护网，使飞石全部拦截在防护网内。

（3）为缓解落石的冲击力，在斜坡中下部设置一道或多道碎落平台。为确保公路行人及车辆的安全，在公路靠山侧再设置一道防护网，作为安全储备作用。

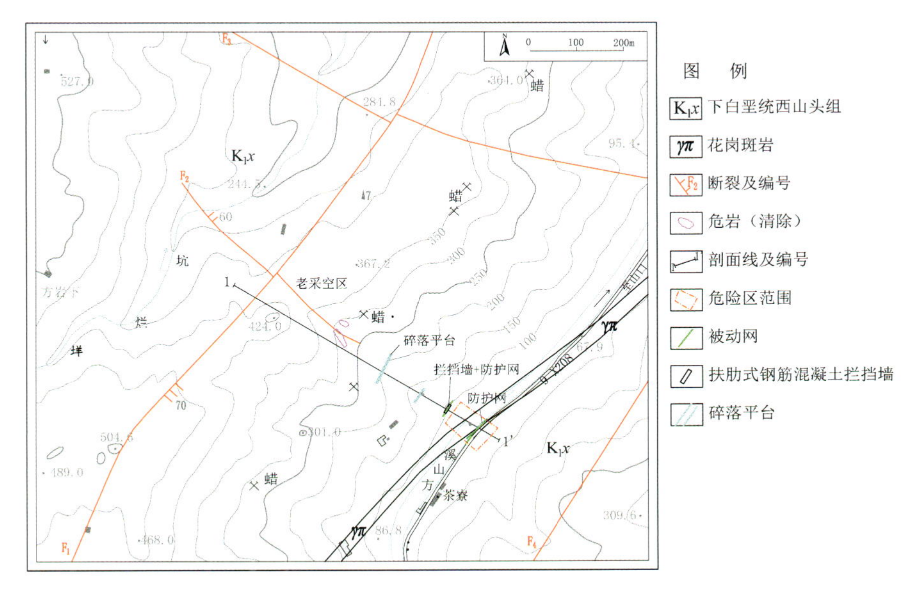

图 6－21　封门山崩塌应急排险平面布置图

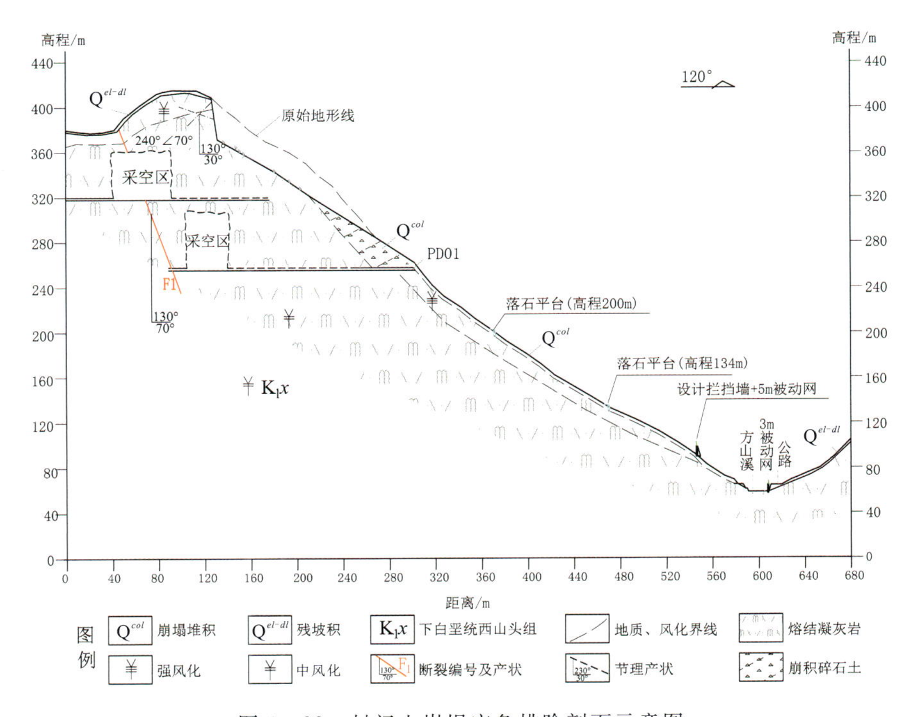

图 6－22　封门山崩塌应急排险剖面示意图

五、取得的成效

当地政府接到灾情报告后，第一时间组织驻县进乡专业队伍及专家到达现场勘察险情并及时评估，快速科学地落实应急处置措施，消除了崩塌隐患对方山线公路及过往车辆和行人的威胁，同时避免了崩塌和滑坡物质堵塞下方方山溪，从而引发次生灾害。本次成功防灾得益于当地政府各部门的高度重视和驻县进乡队员扎实的专业技术。

案例三　永嘉县104国道1885K+200段崩塌

一、地理位置

该崩塌位于104国道1885k+200附近，为永嘉县瓯北街道和三村与桥下镇浦石村交界处，地理坐标为E120°36′05.3″，N28°04′41.3″。

二、地质环境条件

场地及周边属浙东南侵蚀剥蚀丘陵地貌，东侧青峰山最高点高程约98.8m，坡脚104国道高程约5m，相对高差约94m，斜坡坡度30°～35°，植被发育，局部见基岩裸露。

因该处靠近绕城高速，边坡开挖不宜采用爆破，因此采用切割方式进行作业，在高程40m形成一个矩形作业平台（图6-23、图6-24），东西侧宽约20m，南北侧宽35～40m，平台上方BP2边坡高约30m，一坡到顶，近直立；平台上方BP3边坡分3级，每级10m，每级边坡近直立，马道宽约2m；平台下方BP1边坡高约35m（图6-25），近直立，一坡到顶，坡脚为104国道。

山体浅表残坡积层较薄，厚度小于0.5m，岩性为粉质黏土，灰黑色—灰黄色，碎石含量少，结构松散，干燥—湿，局部缺失。基岩为下白垩统小平田组（K_1xp），岩性为晶屑玻屑熔结凝灰岩，以强—中风化为主，岩体节理、裂隙发育差，以块状—整体结构为主，全风化基本缺失。平台处发育一处呈透镜状霏细斑岩岩脉，沿下方小型断层面侵入，断层产状约240°∠40°，断裂带宽度5～10cm，断裂面曲折，见夹泥，前缘出口位于边坡上部约10m（图6-26、图6-27）。

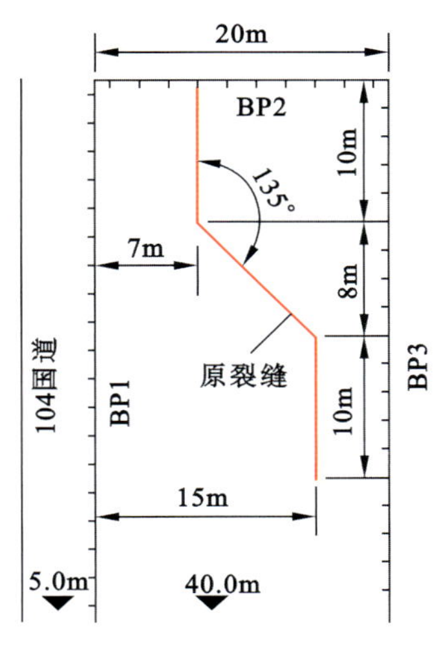

图 6－23　104 国道 1885K＋200 段崩塌开挖边坡及平台平面示意图

图 6－24　104 国道 1885K＋200 段崩塌作业平台

图 6－25　104 国道 1885K＋200 段崩塌 BP1 边坡

三、地质灾害特征

根据现场调查，裂缝呈折线型，北段走向约 160°，长约 10m，与平台边坡之间宽约 7m；之后向平台内侧约 45°转向，走向约 115°，垂直距离约 8m；再次从 45°转向至 160°，长约 10m。与平台边坡之间和南侧平台边坡之间尚有 10m 左右未

图 6-26　104 国道 1885K+200 段崩塌断层

图 6-27　104 国道 1885K+200 段崩塌断层近照

见裂缝，调查时裂缝宽度可达 1cm 以上。根据施工单位现场监测，当时裂缝以约 2.5mm/h 的速度不断扩张。

2020 年 1 月 1 日 16 时 45 分左右，岩体沿着下部断层面和后缘裂缝发生崩塌（图 6-28～图 6-30），体积约 10 000m^3，堆积在下方 104 国道上，其中仅一块石越过公路，砸中下方一电力设施，一些小块石沿下方道路滚至稍远地方，但未对建筑物或人员造成危害。

图 6-28　104 国道 1885K+200 段崩塌

图 6-29　104 国道 1885K+200 段崩塌堵塞 104 国道

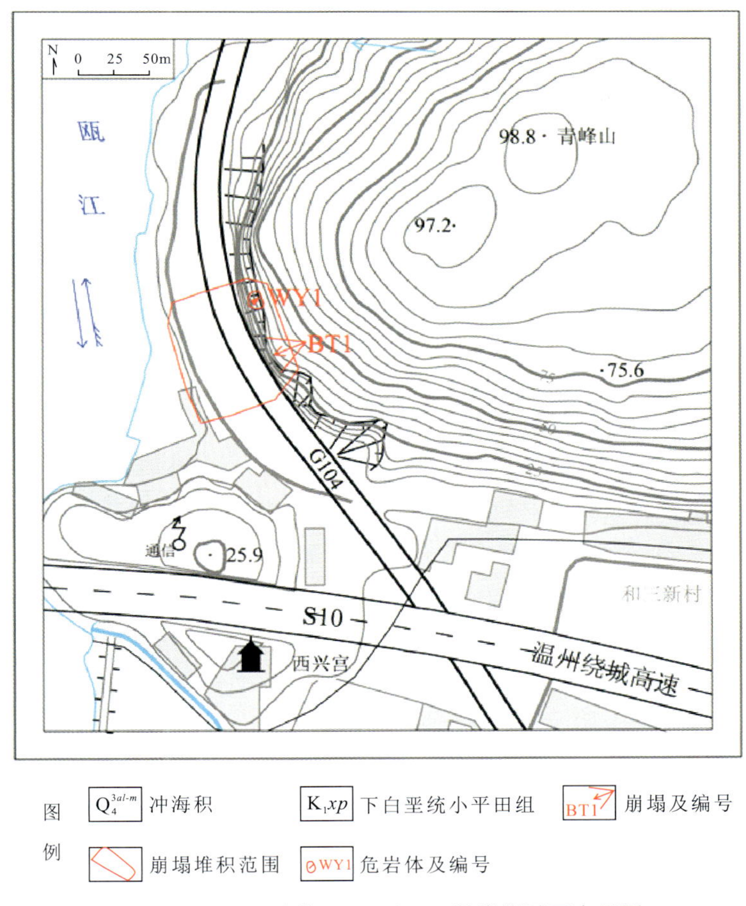

图 6－30 104 国道 1885K＋200 段崩塌平面布置图

四、地质灾害应急处置

104 国道改扩建方案为向山体侧（东侧）扩建约 15m，1885K＋200 附近切坡方案为从上往下对山体不断进行切割，在高程 40m 位置形成一个作业平台。2020 年 1 月 4 日早上 7 时左右，施工班组在作业平台上发现裂缝，随即对裂缝进行监测，发现裂缝在不断扩大。驻县进乡地质队员接到险情时，第一时间赶赴现场，通过调查分析研判，提出封道建议，各方果断处置，及时对下方 104 国道实施封道分流。16 时 45 分左右，施工边坡发生崩塌，体积约 10 000m^3，堵塞 104 国道，因封道及时未造成人员伤亡。

崩塌发生后，驻县进乡地质队员再次到现场调查，分析认为该段边坡在强降雨、冻胀、振动等不利因素的诱发下，仍可能再次发生崩塌，其威胁对象主要为下方104国道和沿江路20～40号民房。同时驻县进乡地质队员提出以下处置措施：①尽快安排施工，对坡面危岩体予以清除；②施工时需加强安全防护措施，设立警示牌，可短时封道施工；③危岩体未清除前，加强对开挖边坡及裂缝的监测，发现变形加剧，立即根据应急预案及时处置；④今后施工期间应加强边坡及后山的巡查观测，若发生明显异常及时上报处置。

五、取得的成效

接到险情报告后，驻县进乡地质队员第一时间赶赴现场，勘察险情，及时评估，果断提出封道的建议，避免了人员伤亡。本次成功避险得益于驻县进乡地质队员扎实的专业技术知识和地方政府的果断处置。

第四节　勘查整治

案例一　乐清市乐柳公路山湖线岭头段滑坡

该点为十一队应急调查时所发现，认为其对下方乐柳（乐清—柳市）公路（山湖段）公路威胁较大。根据现场调查，综合考虑现场实际条件，对滑坡区采取“砍头压脚”措施，消除了滑坡隐患，降低了工程治理费用，减少了对环境的破坏。

一、地理位置

乐清市乐柳公路山湖线岭头段滑坡位于柳市镇前瑶村，原为乐柳公路山湖线岭头段北侧路边一采石点，其东侧约150m为灵龙观，交通便利。

二、地质环境条件

1. 地形地貌

该处地貌单元属浙东南侵蚀剥蚀丘陵区。山体总体走向为北东东向，所在山体最高海拔高程为 254.4m，下方沟谷最低海拔高程为 34.5m，山体最大相对高差约 220m，坡度在 17°～42°之间。斜坡横向地形变化较大，滑坡两翼及西侧冲沟呈线形密集分布；斜坡纵向变化也较大，地形起伏受北东东向断层控制，总体为坡麓及山顶地形缓、中部陡峭，中部坡度为 30°～40°，自然断续或大范围连续分布北东东向断层控制的基岩陡崖、悬崖。其中，滑坡区后缘陡崖长约 10m，高约 10m，坡面近直立状。斜坡表部植被发育，生长茂密的乔木和灌木，覆盖率大于 85%。坡麓修建坟墓，坡脚有多处以往采石取土场地，部分场地已修建或正在修建厂房（图 6－31、图 6－32）。

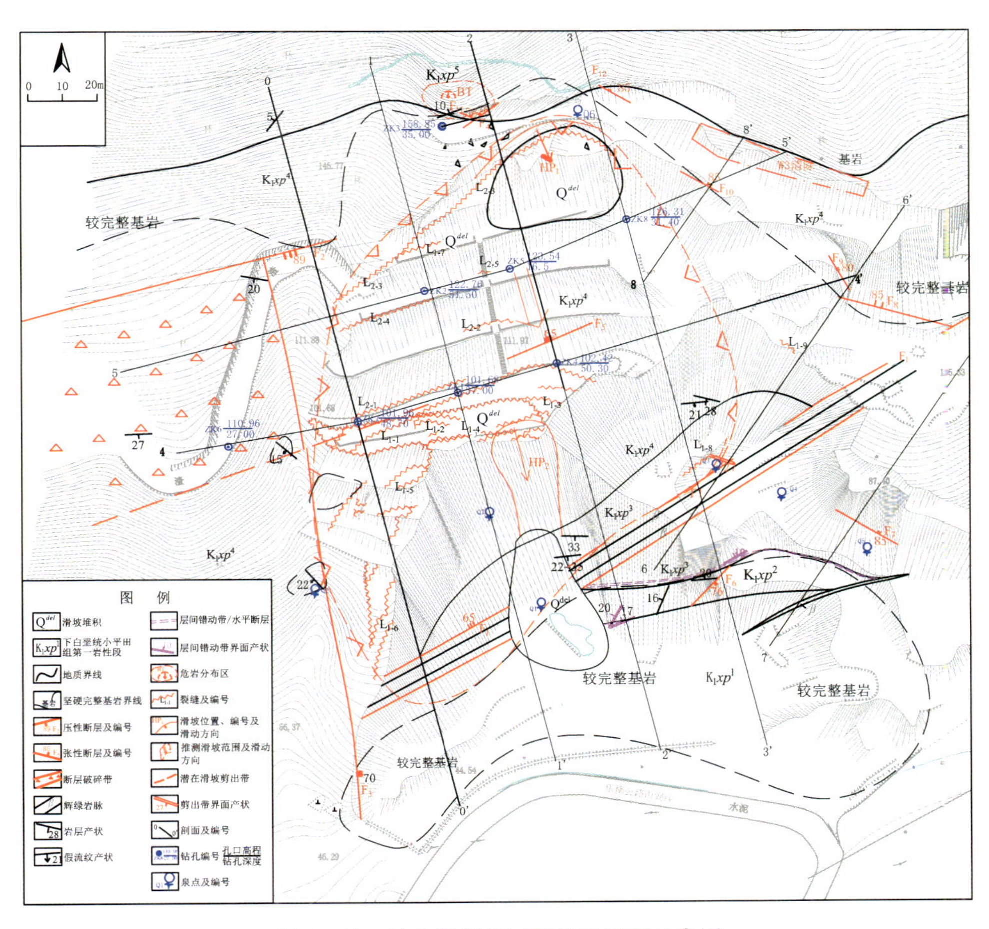

图 6－31　岭头段滑坡工程地质平面示意图

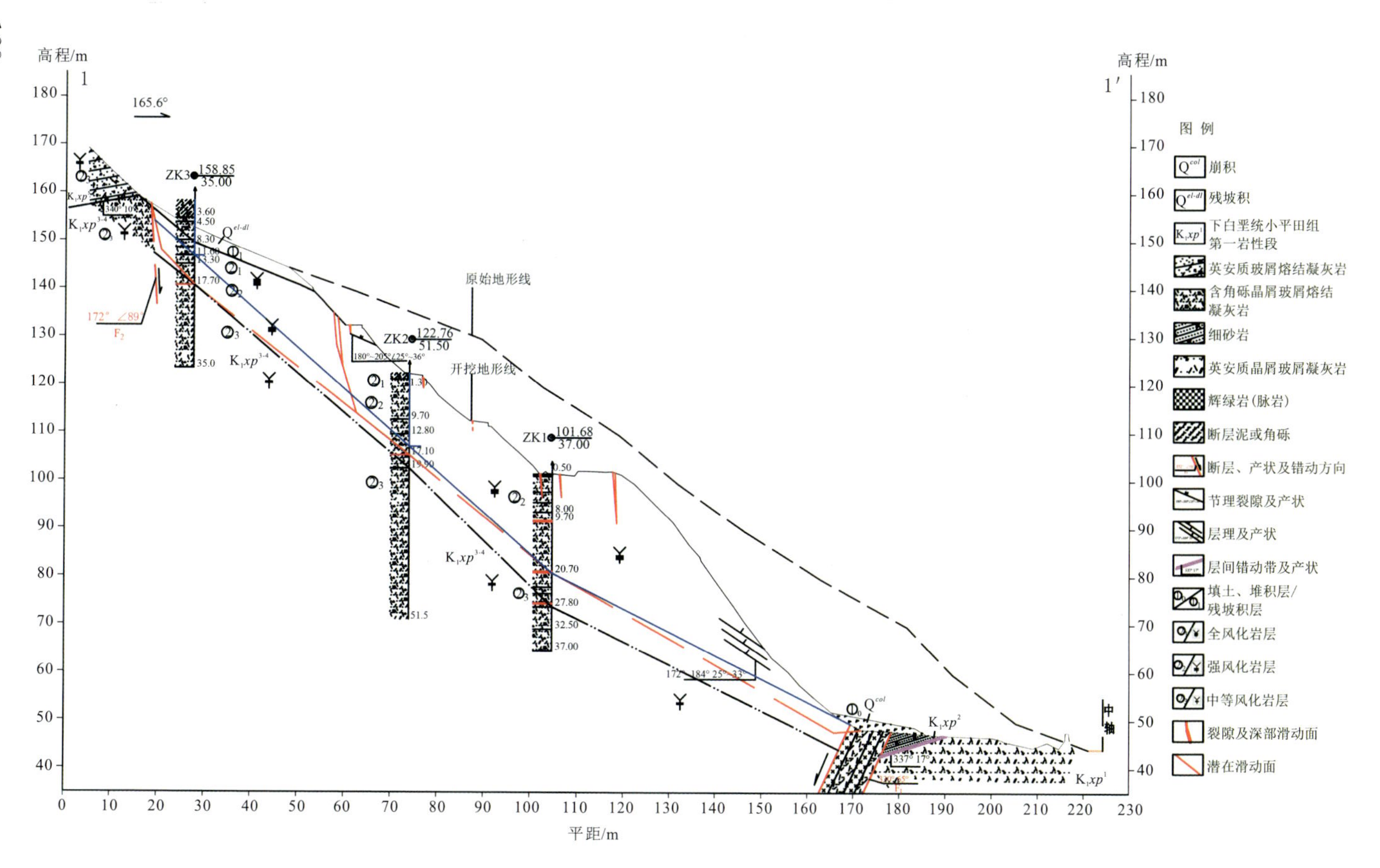

图 6－32　岭头段滑坡剖面示意图

2. 地层岩性

调查区前第四纪地层分布为下白垩统小平田组(K_1xp)，其岩性主要为紫红色英安质晶屑玻屑凝灰岩、浅灰色凝灰质粉砂岩及细砂岩、英安质含角砾晶屑玻屑熔结凝灰岩。侵入岩岩性为辉绿岩。第四纪地层为残坡积层(Q^{el-dl})和崩积层(Q^{col})。

3. 地质构造

调查区位于华南褶皱系浙东南褶皱带的温州-临海拗陷之东南部，界于黄岩-象山断拗和泰顺-温州断拗之间。附近的区域性断裂有北北东向的温州-镇海深大断裂、北东向泰顺-黄岩大断裂和北西向淳安-温州大断裂。据1∶5万区域地质资料，区域以北东走向断层最为发育，尤其是北东东走向断层，次为北西走向和近东西走向断层，由此形成区域构造格架。

4. 气象水文

调查区所在的乐清市属亚热带海洋性季风气候区，气候温暖湿润，雨量充沛，四季分明。乐清市多年平均气温17.7℃，极端最高气温41.0℃，极端最低气温−5.8℃，年平均气温自沿海向内陆山区递减，多年平均无霜期258d。据1956—2002年各观测站统计多年平均降水量为1 763.8mm，年降水量最大为3 648.3mm(1990年硐头站)，最小为883.0mm(1979年乐清站)。多年平均降雨日数为175d，暴雨日数为4.5d。降雨量在各地的分布很不平衡，自西北向东南渐少，一般山区比平原大，山区迎风面比背风面大，局部地区易发地形性特大暴雨。

调查区无常年水系发育。滑坡区下方、南侧为沟谷，走向北东，邻近鞍部，汇水面积不大，为季节性的冲沟上游，地表水流呈枯、丰变化；滑坡区两翼及其附近发育小冲沟，冲沟流域高差约200m，沟谷呈坡面型，坡度介于17°～42°之间，平均近30°，汇水面积多为0.025km^2左右，冲沟仅在雨天间歇性出现地表流水。

三、地质灾害特征

边坡失稳迹象最初为最高一级土质、陡边坡滑塌(体积约3000m^3)以及次级平台西端内侧出现长约8m的局部失稳拉张裂隙，发展至2015年7月，一级大平台出现了一系列拉张、剪切裂隙，最远到达了平台最内侧，宽度几乎覆盖了整个大平台，最后在多次的检查中，尤其是历经 11—12 月多次的连续降雨天气后，发现不仅一级边坡平台上原有裂隙的宽度增大，前缘发生了体积约 500m^3 的崩塌，变形范围往西侧及上方二、三级边坡平台衍生，而且右翼 123m、133m 平台也出现了剪切及拉张裂隙，裂隙长度最小也有 30m，尤其是 123m 平台西端开始的边翼剪切、拉张裂隙与最后缘原有的滑塌面全部贯通，连续长度达 95m，加之在前缘左翼发现了滑坡剪切带，至此，认为已形成了明显的高位滑坡隐患。该处潜在滑坡体水平投影长约 130m，宽约 130m，面积约 14 100m^2，最大高差约 110m，估算滑坡体积超过 250 000m^3。

滑体包含了坡顶及右翼浅表的残坡积土、全风化岩，以及厚层的强风化岩与作为其夹层出现的中等风化基岩，据地表观察及钻孔揭露，其厚度为 16～23m。从岩性上来说，基岩岩性单一，为英安质含角砾晶屑玻屑熔结凝灰岩。滑床为中等风化基岩，滑床岩性仍为英安质含角砾晶屑玻屑熔结凝灰岩。剪切带为厚 10～15cm 极松散的砾砂，以及夹有薄层的软塑状泥，剪切带或滑动面渗水。

四、地质灾害应急处置

考虑下方乐柳公路（山湖段）公路车流量大，该处滑坡隐患地质灾害危险性和危害程度较大，对当地居民的生活、交通造成较大影响，需及时进行治理。根据现场实际调查，该处存在断层破碎带、地质构造与岩土层分布复杂以及控制难度大的复杂工程地质条件，治理方案选择需考虑技术安全、施工安全以及可靠性，兼顾当地经济技术、周边工程、材料等支持条件，支持当地经济建设，体现经济合理性。

综合考虑现场实际条件，得出以下应急处置措施：对滑坡区“砍头压脚”，降低不稳定体高度，提高其稳定性，减少削方量，降低对自然地貌和植被的破坏。削坡形成缓坡或分台阶设置，为生态修复和植被护坡提供良好的环境条件，提高与周边自然环境的协调性；对削坡边界进行合理定位，尽量保护原生态地形及自然排水沟，通过合理放坡或清除危岩，消除边坡崩塌隐患，同时为避免出现新的滑坡隐患，需合理修整地形；做好治理区内外的截排水工作，并合理引排，提高坡体稳定性，减少水土流失，避免造成不良影响；对削坡治理区及东面的开挖区进行全面的生态复绿。

五、成效

该点施工完成后，通过了交工、竣工验收，至今已经历数次台风，其中 2019 年“利奇马”台风、2020 年“黑格比”台风均在乐清附近登陆，边坡均未发生变形。该治理工程达到了避险效果，消除了对人民生命安全的威胁，减少财产损失约 100 万元，同时也保障了下方山湖公路的安全，尤其是该处公路位于乐清站附近，车流量大，治理工程对保障该道路的安全起着至关重要的作用。

六、启示

乐清市乐柳公路山湖线岭头段滑坡位于山湖公路上方，对人民的生命财产造成威胁，同时也对人民生活造成较大影响，需针对当地实际条件及时进行处置，保障人民生命财产安全，使当地居民早日恢复正常的生活。

治理方案选择需考虑技术安全、施工安全以及可靠性，兼顾当地经济、周边工程、材料等条件，支持当地经济建设，体现经济合理性。防治措施是对滑坡进行“砍头压脚”，减少削方量和对自然地貌和植被的破坏，并做好场地的截排水措施及生态复绿。该案例可供相似类型的地质环境条件而采取的应急处置措施参考，供大家思考和借鉴。

案例二　永嘉县瓯北镇屿塘山滑坡

该点为十一队应急调查时所发现，后经大队设计，该点施工完成后，边坡未再发生变形，达到了治理避险效果，减少了生命财产的损失（减少财产损失约 1 亿元），同时也保障了坡脚居民、老 104 国道及上方桃源陵园上千座坟墓的安全，尤其是坡脚在建及拟建居民小区，住户众多（大于 1000 人），本次治理起着重要作用，社会对该治理工程有较高的评价。

一、地理位置

永嘉县瓯北镇屿塘山滑坡位于永嘉县瓯北街道东北侧，距瓯北街道直线距离约 2.0km，距离公路约 3.0km，原 104 国道从勘查区中间经过，交通便利。

二、地质环境条件

1. 地形地貌

场区地貌类型属于浙东南侵蚀剥蚀丘陵区，地形起伏小，场区所在斜坡整体西北高、东南低，斜坡坡向 127°。场区位于斜坡东南侧中部及坡脚地带，后山斜坡最高点高程约 170m，坡脚高程约 5m，相对高差约 165m。山体自然斜坡较陡，坡度以 15°～25°为主，平均坡度 18°。斜坡微地貌呈台坎状，公路以下台坎一般高 4～8m，坡宽 4～30m，坡度 45°～60°；公路以上台坎一般高 1.5～2.0m，宽 2.5～3.0m，近直立。斜坡植被较发育，以低矮灌木和人工种植柏树为主，人类活动主要为坡脚开挖、填筑、修建民房、公路、陵园等。

2. 地层岩性

勘查区出露的前第四纪地层为下白垩统朝川组（K_1c），岩性主要为凝灰岩，呈灰色、浅灰色、灰白色、青灰色等，凝灰结构，块状构造，火山灰胶结；区内第四系主要为滑坡堆积（Q^{del}）、残坡积（Q^{el-dl}）与人工弃渣（Q^{ml}）、全新统上组冲海积（Q_4^{3al-m}），侵入岩有花岗闪长玢岩、花岗斑岩、安山玢岩，其中花岗闪长玢岩呈青灰色、灰白色，斑状结构，块状构造，矿物以石英、长石为主，暗色矿物稍多，一般以普通角闪石为主。

3. 地质构造

勘查区大地构造单元隶属华南褶皱系浙东南褶皱带温州-临海坳陷和黄岩-象山大断裂区域，位于温州-淳安与温州-镇海大断裂的交汇处，受北西向淳安-温州、北东向温州-镇海大断裂活动影响，地表北西、北东向断裂和侵入岩带发育，由此形成了区域构造格架。勘查区构造主要为节理裂隙、侵入接触等。总体上，勘查区受岩体侵入影响，岩体破碎，地质构造复杂，本次调查推测西南角有 2 条小断裂通过。

4. 气象水文

勘查区属亚热带海洋型季风气候区，温暖湿润，雨量充沛，四季分明，全年无严寒酷暑。多年平均气温为 17.9℃，温差小，年温差在 20℃左右，极端最高气温 40.3℃，极端最低气温 －4.1℃，年平均无霜期 280d。多年平均降雨量为

1 769.6mm，降雨主要集中在4—6月份的梅雨期和7—9月份的台风暴雨期，占全年降雨量的65%～70%，最大日降雨量在300mm以上，最大连续降雨天数为23d，降雨量大于10mm以上的天数约为50d，其中大于50mm（暴雨）的天数约为5d。多年平均蒸发量940mm，多年平均相对湿度81%，多年平均风速2.6m/s，在台风期间最大风力可达12级以上。根据周边雨量站相关资料，历史上最大1小时雨强为1999年9月116.6mm（黄坑雨量站），历史上最大24小时雨强为1999年8月528.8mm（中保雨量站），历史上最大3天雨强为1960年8月821.1mm（庄屋雨量站）。

勘查区内无冲沟分布，发育有负地形，坡脚前缘100m处为楠溪江。该处为楠溪江下游，楠溪江宽250～600m，水流缓慢，平均年径流量约$28.5\times10^{8}m^{3}$。根据石柱水文站实测，该处楠溪江最大流量发生在1965年8月20日，为$9430m^{3}/s$，最小流量发生在1967年10月7日，仅$1.03m^{3}/s$，属山溪性河流。

屿塘山滑坡工程地质平剖面见图6-33、图6-34。

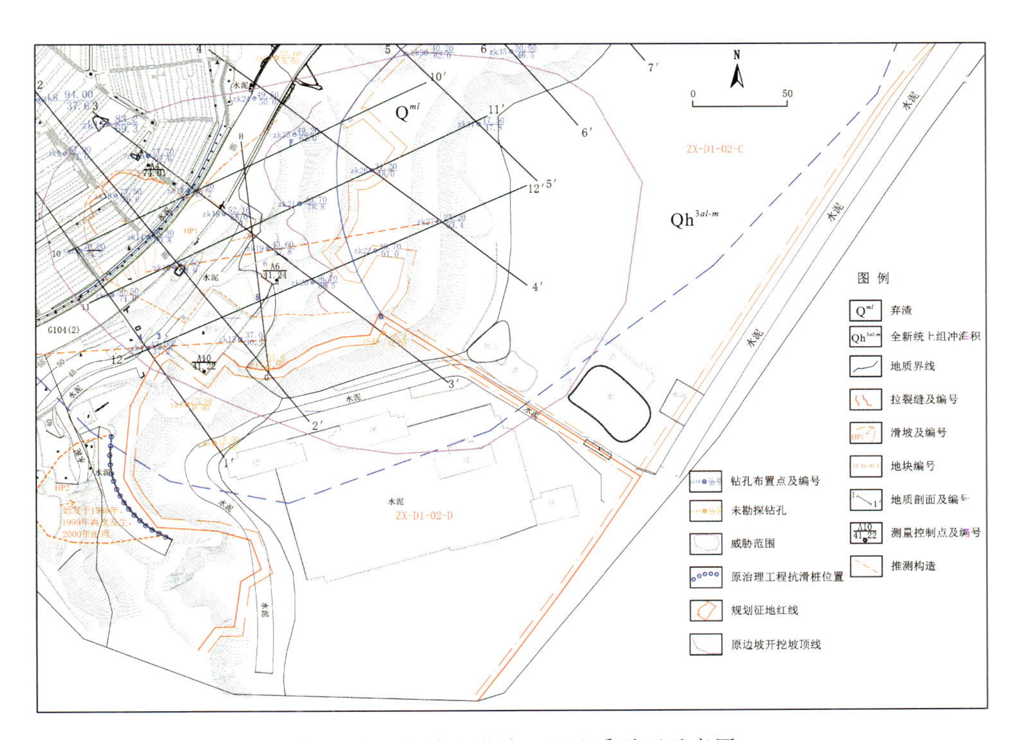

图6-33　屿塘山滑坡工程地质平面示意图

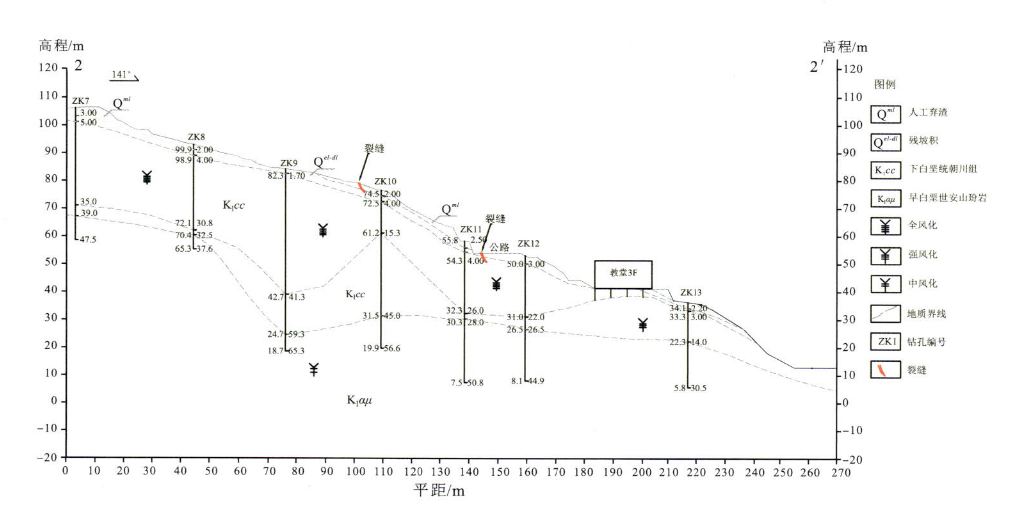

图 6-34 屿塘山 2—2′滑坡工程地质剖面图

三、地质灾害特征

滑坡体主滑方向为东略偏北，即 NE80°，纵向长度约 35m，前缘宽约 95m，后缘宽约 40m，面积约 $2300m^2$，滑动面平均深度以 5m 计，体积约 $1.1\times10^4m^3$，属一小型滑坡。

主滑面后缘张裂缝切入深度(可见深度)达 1.0～1.5m，且呈陡立的角度切入土体，说明后缘已经切入残坡积层以下。滑坡在移动过程中还产生了 2 条近平行裂缝。滑坡体主滑面的前缘以近 100m 宽的临空面及已产生的多处崩塌点为剪出口，根据前后缘主滑面位置及相对高差分析，连接主滑面的剖面可基本确定，主滑面的最深位置一般不超过 12m，在 D15 钻孔中的位置埋深约 10m。根据钻孔资料分析，在 6.5～15.2m 之间取出的岩芯中有一定量的碎石土，呈松散状，完整性差，滑动面在该段中通过也符合地层分布的规律。

四、地质灾害应急处置

根据收集的资料分析，勘查区及附近区域属于地质灾害高易发区，地质环境条件复杂，历史上滑坡频发，边坡失稳直接威胁坡脚华鸿地产上千住户，人数远大于 1000 人。此外，滑坡还威胁老 104 国道以及桃源陵园上千座坟墓，潜在经济损失大于 1 亿元。该处滑坡地质灾害危险性和危害程度大，威胁人数及社会影响也较大，因此必须尽快治理。

根据现场实际情况将治理工程分为两部分，即原滑坡区域与场地其他边界治理区。滑坡区根据滑坡的特征可以分为原 104 国道上部滑坡区（陵园区）及原 104 国道下部滑坡区。原 104 国道上部滑坡区（陵园区）下部挡墙变形现状明显，需要针对该区域进行专项治理。因整个斜坡面布满陵墓，对整个斜坡进行山体削坡或坡面锚固完全不存在空间，只能采取支挡措施，因此采用抗滑桩对前缘进行支挡。原 104 国道下部滑坡区因土体反压现状处于基本稳定状态，但是根据 11—11′剖面填筑前的稳定计算，其在暴雨工况下处于不稳定状态，采用削坡加双排抗滑桩分级减压的防护措施，防止坡面发生浅表层滑坡，同时在整个坡面采用锚杆＋格构进行防护。

滑坡区北东侧边坡现状稳定，但因地块规划场地平整，现有地形红线处将形成高 5～35m 的垂直临空面，如直接削坡则无空间，坡率最大可达到 1∶0.45，坡体难以自稳。同时，西侧全风化层厚度大，加之场地平整后形成高达 20～30m 临空面，因此该分段区域采取与滑坡区相同的防治措施，即采用抗滑桩支挡，顶部进行分级削坡，为防止坡面发生浅表层滑坡，在整个坡面采用锚杆＋格构进行防护。东侧坡段开挖揭露多为强风化岩体，该段可在一定削坡的基础上进行主动网加固，为统一协调美观，底部可设置一道挡墙。

五、成效

该点施工完成后，边坡未再发生变形，达到了治理避险效果，减少财产损失约 1 亿元，同时也保障了坡脚居民、老 104 国道及上方桃源陵园上千座坟墓的安全，尤其是坡脚在建及拟建居民小区，住户众多，人数远大于 1000 人。本次治理起着十分重要的作用，治理工程有很大的社会效益。

六、启示

永嘉县瓯北镇屿塘山滑坡威胁坡脚居民、老 104 国道及上方桃源陵园上千座坟墓的安全，危害性大，社会影响大，且由于治理的紧迫性，要结合实际及以后的发展情况及时进行处置。

治理方案选择需考虑技术安全、施工安全以及可靠性，兼顾当地经济、周边工程、材料等条件，支持当地经济建设，体现经济合理性，同时兼顾环境美化，最大限度保护、改善生态环境。针对滑坡的特点，采用的治理措施为抗滑桩、挖方、锚杆格构、挡墙工程、主动网、排水工程和生物工程等，可供相似类型地质环境条件而采取的应急治理措施参考和借鉴。

案例三　青田县东源镇平桥村门前山滑坡

该点的防治工程由十一队设计，施工完成后，边坡未再发生变形，达到了治理效果，减少了生命财产损失（减少财产损失约 200 万元），同时也保障了坡脚居民、道路及河道的安全。

一、地理位置

青田县东源镇平桥村门前山滑坡位于青田县东源镇平桥村西南侧，青田县船寮流域东北部，距东源镇人民政府直线距离约 4.5km，坡脚有乡级道路通过，交通较便利。

二、地质环境条件

1. 地形地貌

勘查区地貌属浙东南低山丘陵区，地貌包括低山丘陵和冲积平原，区内第一斜坡最高海拔高程 322.65m，工程位于近南北向条形山嘴处，由河道改造工程截弯取直对山体进行开挖，开挖边坡最大高差约 107m，开挖边坡后方山脊斜坡坡度 25°～35°，开挖边坡两侧斜坡坡度 35°～45°。

2. 地层岩性

区内出露的前第四纪地层主要为上侏罗统西山头组（K_1x）火山碎屑岩和辉绿岩与辉绿玢岩岩脉；第四纪地层主要为残坡积层（Q^{el-dl}）和冲积层（Q^{al}）。

3. 地层构造

勘查区区域上属于华南褶皱系浙东南褶皱带温州-临海坳陷和泰顺-温州断

坳的北西部。区内褶皱构造不发育，以断裂构造为主，根据 1∶5 万区域地质调查资料，工程处于近东西向、北东向、北西向 3 条断裂的交会区域。根据断裂交切关系，区域断裂形成的先后顺序为东西向压性断裂—北东向压性断裂—北西向张性断裂。根据现场调查，工程处于北西向断裂带中，区域上为石平川湖庄断裂带，延伸大于 27km，带宽 7km，断面倾向北东，倾角 75°～85°，断裂性质早期为张性，晚期为压扭性。

4. 气象水文

勘查区所在的青田县属中亚热带季风气候区，气候温和，雨量充沛，四季分明。全县年降雨量 1400～2100mm，年均降雨量 1 647.2mm，年均降雨日 172.2d，年均无霜期 279d，年均日照数 1 783.5h。冬暖回春早，冬春季节，特别是春节前后，山区常有大雪。

勘查区位于青田县船寮流域东北部，是青田县内瓯江主干流大溪上的一条最大支流。平桥村河道整治工程上游集雨面积 42.84km^2，河道长度为 11.53km，平均坡降 4.4%。

其中，边坡坡脚设计河道宽度约 35m，平均坡降 3.1%，东高西低，PQ0＋000～PQ0＋147.6 高程 92.5～87.92m，设计洪水位 95.69～91.11m。

三、地质灾害特征

勘查区内开挖边坡坡向整体近正北（坡向 340°～20°），呈圆弧状，边坡坡脚线总长约 220m，坡脚高程 87～93m，坡顶最大高程约 200m，最大高差约 107m。高程 150m 以上，每级边坡高 10m，共 5 级，放坡坡率 1∶1，每级马道宽 2m，西段缺失；高程 135～150m，坡高 10～15m，坡率 1∶0.75～1∶1，135m 平台宽 5～30m，中间宽、两侧窄；高程 135m 以下，边坡近直立，坡度 65°～70°。变形体空间上为四面体，平面上呈似三角形，后缘高程 135m，前缘高程约 90m，面积约 3300m^2，平均厚度约 15m，体积约 50 000m^3。变形体两侧边界主要由两条次级构造 F_2 和 F_3 控制，由于错动，目前张开 1～4m。根据构造错动张开迹象，推测变形体错动方向约 20°。变形体前缘已发生坍塌，坍塌体积约 12 600m^3，坍塌体最大高差约 45m，长 40m，平均厚度约 7m。目前，变形体前缘有削坡弃渣压脚，且变形体前缘坍塌体斜靠于坡体，呈自稳结构（图 6－35、图 6－36）。

根据对变形体周围结构面的调查，变形体东侧斜坡坡脚有一组产状为 45°～

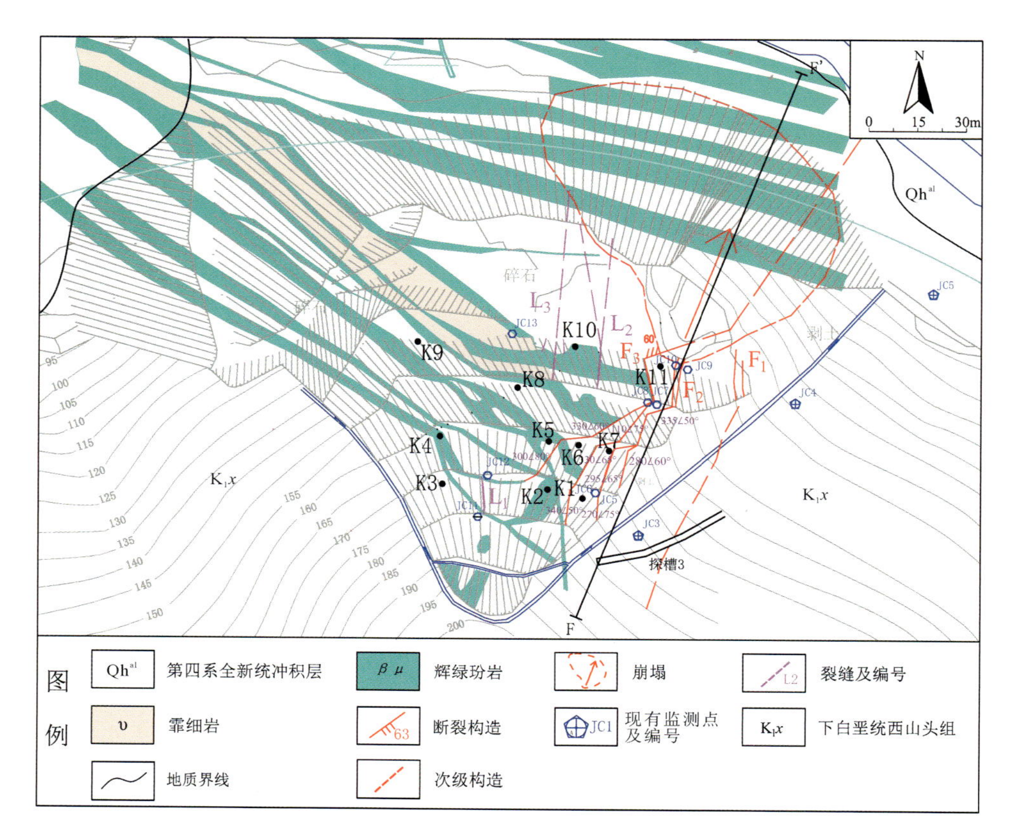

图 6-35　门前山滑坡工程地质平面图

10°∠15°～25°的节理发育，受构造影响，该组节理发生扭转，产状靠近边坡有变陡的趋势，其延展性较好，向西侧延伸至变形体坡脚。同时，根据对边坡结构的调查发现，边坡西侧、次级构造发育段边坡及边坡东侧结构中有夹泥结构面发育，为次级构造影响产生，裂隙张开，后期有泥质充填。考虑到该组结构面贯通性不至于贯穿整个坡体，因此该组结构面与另一组顺坡向陡倾角结构面(10°∠80°)组合，形成阶梯形错动面。为简化错动面形式和结构面组合影响，推测变形体潜在错动面整体产状为 20°∠25°，为折线形结构面，结合程度差。另外，由于边坡坡脚为强—全风化脉岩，易风化，受水浸泡呈粉土状，同时根据边坡开挖照片，不排除由于坡脚开挖使得脉岩临空，受上部岩体挤压，脉岩破坏，从而加剧崩塌的形成(图 6-36)。

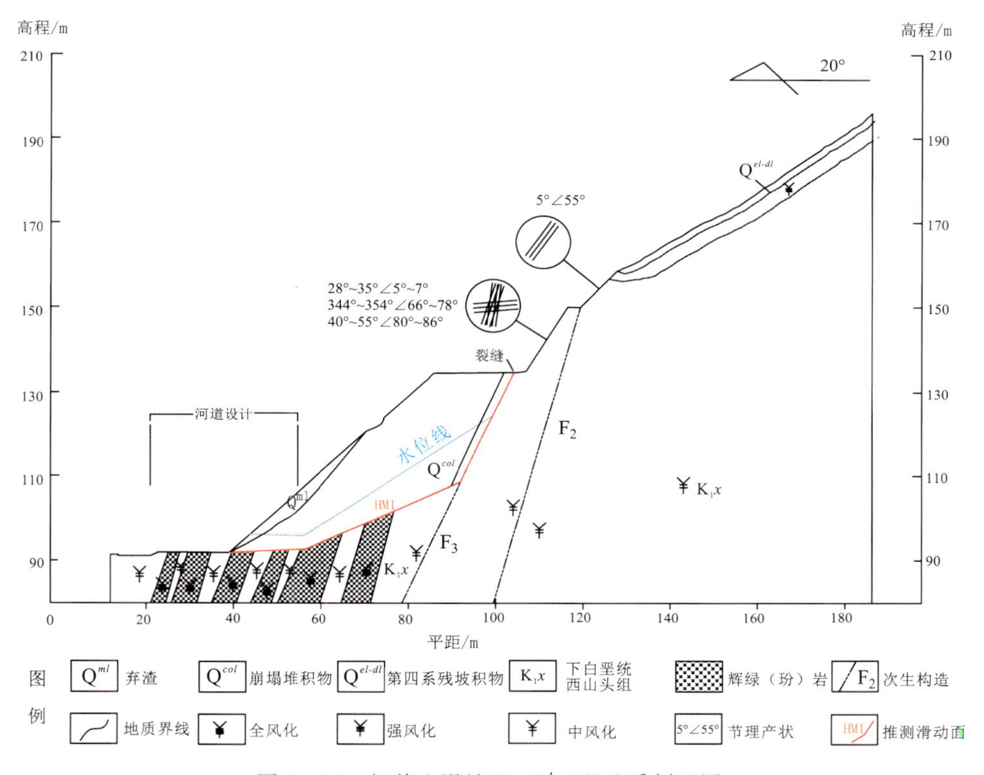

图 6-36 门前山滑坡 F—F′工程地质剖面图

四、地质灾害应急处置

目前边坡威胁范围主要为边坡坡脚及公路外侧 1 排房屋。若边坡失稳，将导致后方边坡及斜坡发生破坏，同时也会堵塞河道而形成堰塞湖，造成洪涝灾害，威胁东北侧整个平桥村人民的生命财产安全，需及时进行治理。

治理好变形体才能保证本次边坡的治理效果。根据边坡工程地质条件，应急处置措施如下：由于边坡坡顶有高压线塔，且边坡构造发育，若采用整体放坡的形式完全消除变形体隐患，一方面会进一步加高、加大边坡，也需对边坡坡面进行防护，在整体治理效果上与局部削坡相同；另一方面，由于坡顶的高压线迁移难度较大，且该工程工期较紧，从时间和政策方面来看都不是最佳选择。因此，治理主要采用“砍头固脚”的方案，削除一部分变形体，加固一部分变形体。同时考虑到整体工程的连续性和完整性，结合变形体削方形式，对其余段边坡进行放坡处理；由于边坡坡体上全—强风化发育，坡体物质在雨水长期浸泡冲刷下易流失，坡体内会形成凹腔和入渗通道，故对边坡整体进行挂网喷混凝土；边坡坡脚及河道底部脉岩发育，抗冲刷能力弱，易受河水冲刷掏蚀形成凹槽，降低坡脚抗力，故需对边坡坡脚采取防冲刷措施，本次在坡脚设计防冲墙；水的作用对坡体岩土体性质影响较大，会对坡体稳定性造成不利影响，故须在边坡外围设置截水沟，在边坡范围内设置截排水沟和坡体泄水孔，减小水对边坡及变形体的不良作用；考虑到边坡景观效应，在每级边坡坡脚处修建绿化槽。

综上所述，本次设计采用削坡＋锚索（杆）格构＋挂网喷混凝土＋坡脚防冲墙＋绿化工程＋排水工程的综合治理措施。

五、成效

该处施工完成后，边坡未再发生变形，达到了治理效果，减少了财产的损失（减少财产损失约 200 万元），同时也保障了坡脚居民、道路及河道的安全。本次治理对坡脚东北侧整个平桥村上百名村民来说，有着十分重要的意义。

六、启示

青田县东源镇平桥村门前山滑坡威胁坡脚居民、道路及河道的安全，尤其是对整个平桥村影响较大，危害性及危害程度较大，地质条件也较复杂，工期要求紧，要结合实际情况全面考虑，及时进行处置。

治理方案选择需考虑技术安全、施工安全以及可靠性，兼顾当地经济、周边工程、材料等条件，支持当地经济建设，体现经济合理性，同时兼顾环境美化，最大限度保护、改善生态环境。针对滑坡的特点，本次采用的治理措施为削坡＋锚索（杆）格构＋挂网喷混凝土＋坡脚防冲墙＋绿化工程＋排水工程，可供相似类型的地质环境条件而采取的应急处置措施参考。

主要参考文献

傅正园,徐光黎,吴义,等,2019.浙东南突发性地质灾害防治[M].武汉:中国地质大学出版社.

龚新法,2004.乐清市北部山区泥石流现状特征及成因[J].浙江国土资源(10):36-40.

姜竹卿,2015.温州地理:自然地理分册[M].上海:上海三联书店.

康志成,2004.中国泥石流研究[M]北京:科学出版社.

吴义,胡志生,刘冬,等,2021.温州市突发性地质灾害发育特征及防治对策[J].地质论评(67):5-6

浙江省第十一地质大队,2015.青田县山口镇封门山崩塌地质灾害应急排险方案[R].温州:浙江省第十一地质大队.

浙江省第十一地质大队,2016.乐清市乐柳公路山湖线岭头段边坡滑坡勘查报告[R].温州:浙江省第十一地质大队.

浙江省第十一地质大队,2016.乐清市乐柳公路山湖线岭头段边坡滑坡治理工程设计[R].温州:浙江省第十一地质大队.

浙江省第十一地质大队,2016.永嘉县黄田街道千石村山体崩塌地质灾害调查暨应急治理设计[R].温州:浙江省第十一地质大队.

浙江省第十一地质大队,2017.乐清市仙溪镇石碧岩村沟谷泥石流地质灾害点核销调查报告[R].温州:浙江省第十一地质大队.

浙江省第十一地质大队,2017.雅镇石林环线44K+500～44K+550崩塌隐患地质灾害勘查设计[R].温州:浙江省第十一地质大队.

浙江省第十一地质大队,2017.泽雅镇林岙村瓯湖公路边坡崩塌地质灾害勘查设计[R].温州:浙江省第十一地质大队.

浙江省第十一地质大队,2017.泽雅镇林五线0K+500崩塌隐患地质灾害勘查设计[R].温州:浙江省第十一地质大队.

浙江省第十一地质大队，2017. 泽雅镇瓯湖线 23K＋050～23K＋100 崩塌隐患地质灾害勘查设计[R]. 温州：浙江省第十一地质大队.

浙江省第十一地质大队，2017. 泽雅镇瓯湖线 23K＋200～23K＋350 崩塌隐患地质灾害勘查设计[R]. 温州：浙江省第十一地质大队.

浙江省第十一地质大队，2017. 泽雅镇瓯湖线 24K＋750～24K＋800 崩塌隐患地质灾害勘查设计[R]. 温州：浙江省第十一地质大队.

浙江省第十一地质大队，2017. 泽雅镇瓯湖线 29K＋400～29K＋500 滑坡地质灾害勘查设计[R]. 温州：浙江省第十一地质大队.

浙江省第十一地质大队，2017. 泽雅镇瓯湖线 32K＋280～32K＋350 崩塌隐患地质灾害勘查设计[R]. 温州：浙江省第十一地质大队.

浙江省第十一地质大队，2017. 泽雅镇石林环线 23K＋700 崩塌隐患地质灾害勘查设计[R]. 温州：浙江省第十一地质大队.

浙江省第十一地质大队，2017. 泽雅镇石林环线 44K＋080～44K＋120 崩塌隐患地质灾害勘查设计[R]. 温州：浙江省第十一地质大队.

浙江省第十一地质大队，2017. 泽雅镇石林环线 44K＋350～44K＋400 崩塌隐患地质灾害勘查设计[R]. 温州：浙江省第十一地质大队.

浙江省第十一地质大队，2018. 青田县东源镇平桥村门前山地质灾害治理工程勘查[R]. 温州：浙江省第十一地质大队.

浙江省第十一地质大队，2018. 青田县东源镇平桥村门前山地质灾害治理工程设计[R]. 温州：浙江省第十一地质大队.

浙江省第十一地质大队，2019. 乐清市仙溪镇石碧岩村泥石流应急调查报告[R]. 温州：浙江省第十一地质大队.

浙江省第十一地质大队，2019. 乐清市智仁乡智胜村大树岗村牟某良屋后冲沟泥石流隐患应急调查报告[R]. 温州：浙江省第十一地质大队.

浙江省第十一地质大队，2019. 永嘉县瓯北街道屿塘山滑坡地质灾害勘查[R]. 温州：浙江省第十一地质大队.

浙江省第十一地质大队，2019. 永嘉县瓯北街道屿塘山滑坡地质灾害治理工程设计[R]. 温州：浙江省第十一地质大队.

浙江省第十一地质大队，2020. 104 国道 1885K＋200 段崩塌应急调查报告[R]. 温州：浙江省第十一地质大队.

浙江省第十一地质大队，2020. 乐清市城东街道云海村叶某海屋东侧滑坡地质灾害勘查[R]. 温州:浙江省第十一地质大队.

浙江省第十一地质大队,2020. 乐清市城东街道云海村叶某海屋东侧滑坡地质灾害治理工程设计[R]. 温州:浙江省第十一地质大队.

浙江省水文地质工程地质大队宁波矿勘院,2002. 浙东沿海中生代火山-侵入岩活动、构造演化及成矿规律[M]. 福建省地图出版社.

浙江省水文勘测局,2003. 浙江省短时暴雨[Z]. 杭州:浙江省水文勘测局.

朱景,2014. 温州地区近 40 年暴雨气候变化特征分析[C]//第 31 届中国气象学会年会论文集. 北京:雷达气象学委员会.

"地灾智防"APP的安装与使用说明

一、安装

此处所说的"地灾智防"APP即为浙江省自然资源厅发布的"地灾智防"APP 2.0版，扫描下方二维码即可下载安装，设备要求智能手机终端(Android 6.0及以上或IOS 9.0及以上系统)内存2G，至少32G存储，500万及以上的像素，支持GPS和陀螺仪。

图1 "地灾智防"
APP二维码

二、使用说明

1. 群测群防员界面

"地灾智防"APP群测群防员界面如图2所示。

(1)消息中心。点击"消息中心"，即可查询八大消息：领导指示、应急响应、台风信息、极端气候、重大灾险情、等级预报、实时预警、任务提醒。点击消息中心中的"查看详情"，即可查询各类消息的详细情况(图3～图5)。

图2　群测群防员界面

(2)巡查任务。平台通过消息中心下发实时预警消息(黄色以上预警),省、市、县、乡(镇)、群测群防员均可收到消息,消息中心会出现提醒(图6)。县、乡(镇)级别首页可以一键下发,下发完成进度会更新(图7)。群测群防员界面“我的任务-巡查任务”可以查看到任务列表(图8),群测群防员巡查任务完成后县、乡(镇)级别用户进度更新,全部巡查任务完成进度为100%。

图3 消息中心入口

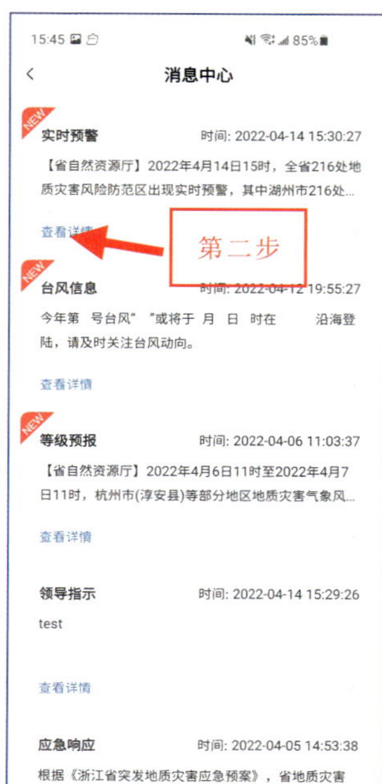

图4 消息中心

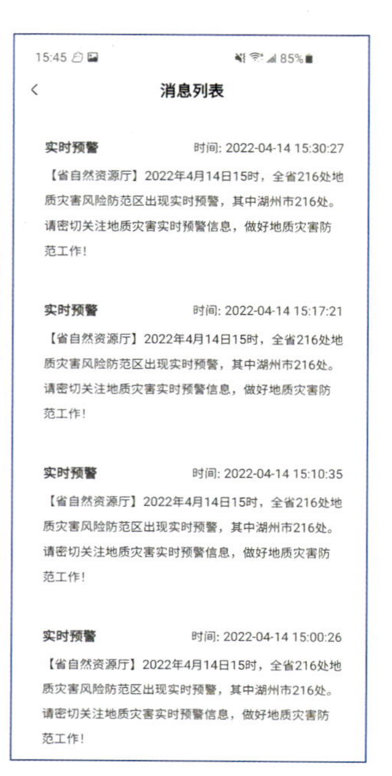

图5 消息列表

图6 任务通知列表

图7 任务下发入口

图8 任务中心

(3)巡查排查。点击“巡查排查”即可查看历史巡查记录和巡查统计报表(图9),界面将显示负责的风险防范区巡查统计列表,各个地区的巡查次数以热力图的形式直观展示,此界面包括了区域统计和个人排行榜信息,点击“区域统计”将显示巡查风险区数、巡查次数、有效巡查次数。填报巡查信息时,“无变化”和“有变化”按钮将变成可点击状态,填报前需先输入巡查人数,如果致灾体没有变化,则直接点击“无变化”按钮,快速上传地灾巡查结果(图10);如果致灾体有变化,点击“有变化”按钮,进入巡查记录详情填报页面(图11),填写巡查内容、发现问题、现场处置及下一步建议,并拍摄现场照片,表单填写完毕后,点击“提交”按钮将巡查信息提交至后台。

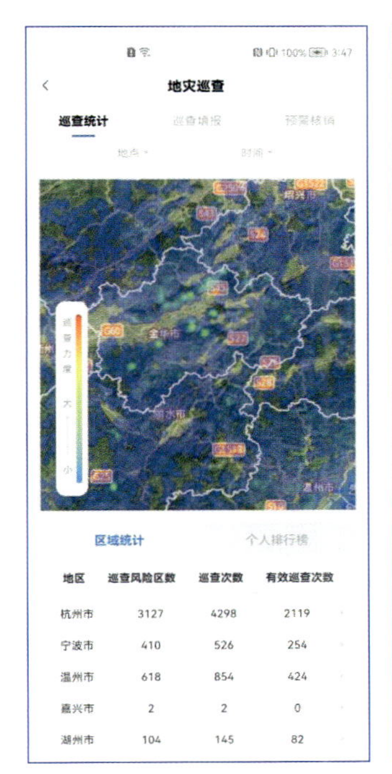

图9 地灾巡查统计列表

图10 地灾巡查填报列表

图11 地灾巡查记录详情

(4)紧急上报。在巡查过程中,若发现有明显致灾趋势,点击“紧急上报”,进入一键报警界面(图 12),默认显示该群测群防员填报记录。支持按照地点、时间进行筛选,点击“查看详情”,进入上报详情界面(图 13)。

图12 一键报警界面

图13 上报详情

2. 驻县进乡地质队员界面

“地灾智防”APP驻县进乡地质队员界面如图14所示。

图14　驻县进乡地质队员界面

(1)驻县进乡。点击 APP 主界面驻县进乡模块，进入驻县进乡界面，用户所属行政区域下的用户签到统计情况将直观展示在地图上，当用户拥有驻县进乡的填报权限时，才可以进行签到和签退(图 15、图 16)。点击地图中的白色图标或直接通过驻县进乡统计表(图 17)，即可以查看该地区签到人的姓名、电话、签到时间及是否携带装备(图 18)。

图15　驻县进乡签到入口

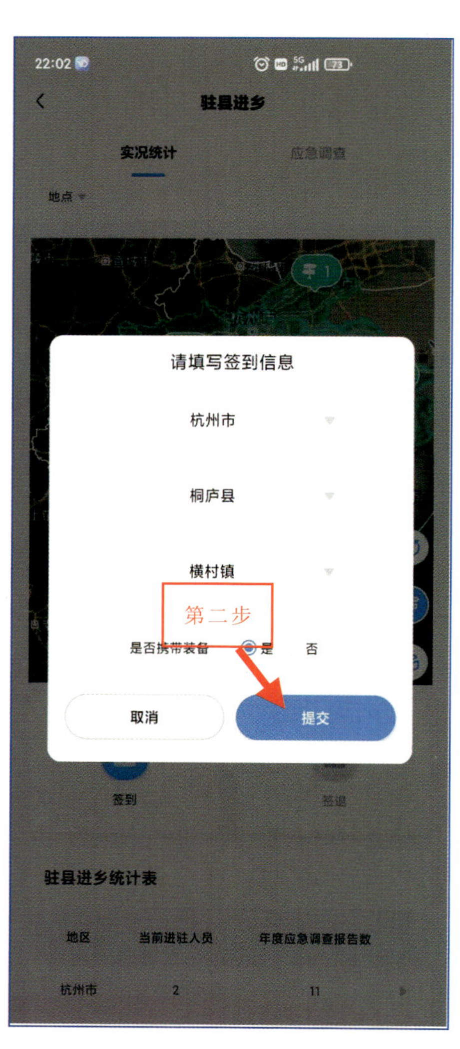

图16　驻县进乡签到信息填写

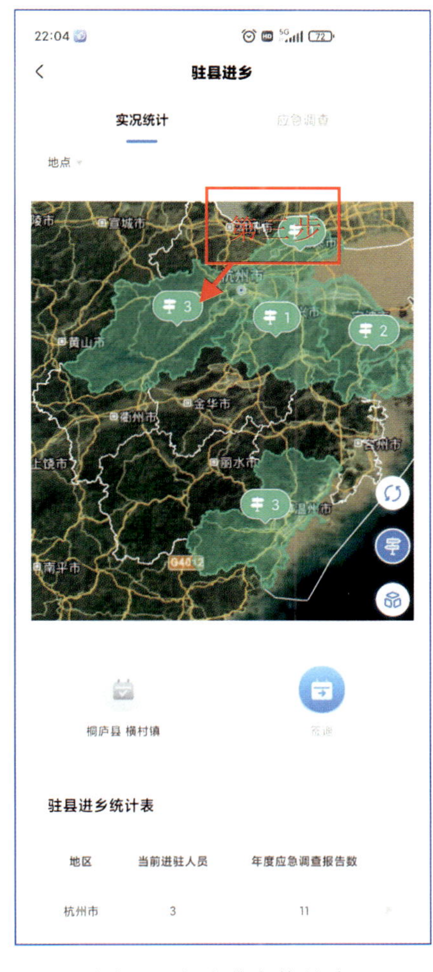

图17 驻县进乡统计表

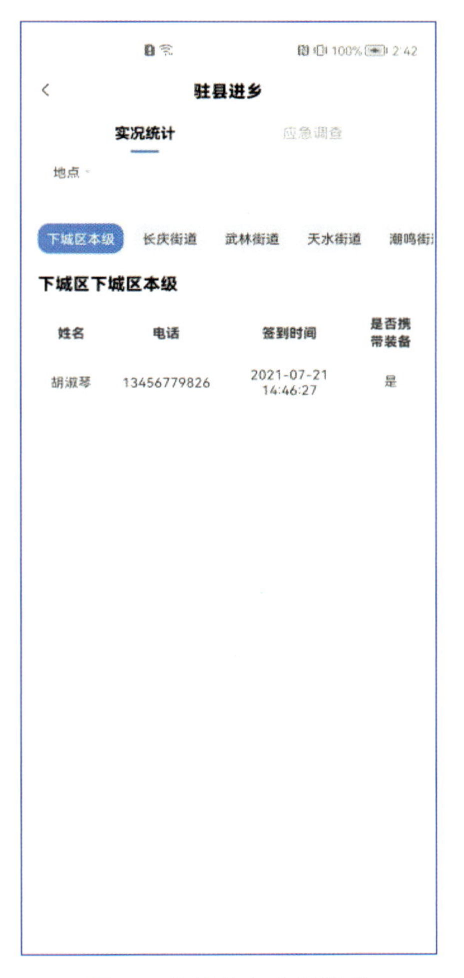

图18 驻县进乡实况统计

(2)应急调查查询。点击“应急调查”进入应急调查界面(图19),即可查询应急点的基本信息(图20)、致灾体信息(图21)以及承灾体信息(图22),点击下方“新增”按钮,可新增应急调查点。

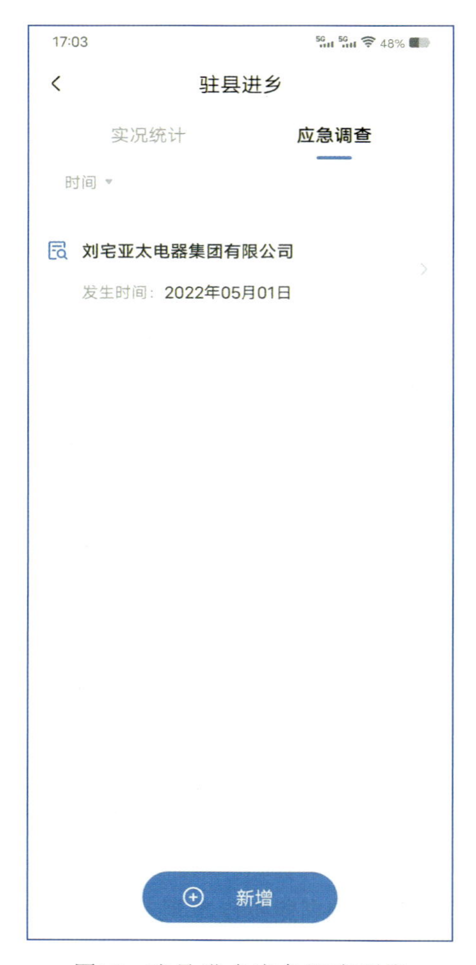

图19 驻县进乡应急调查列表

图20 应急调查详情-基本信息

图21　应急调查详情-致灾体信息

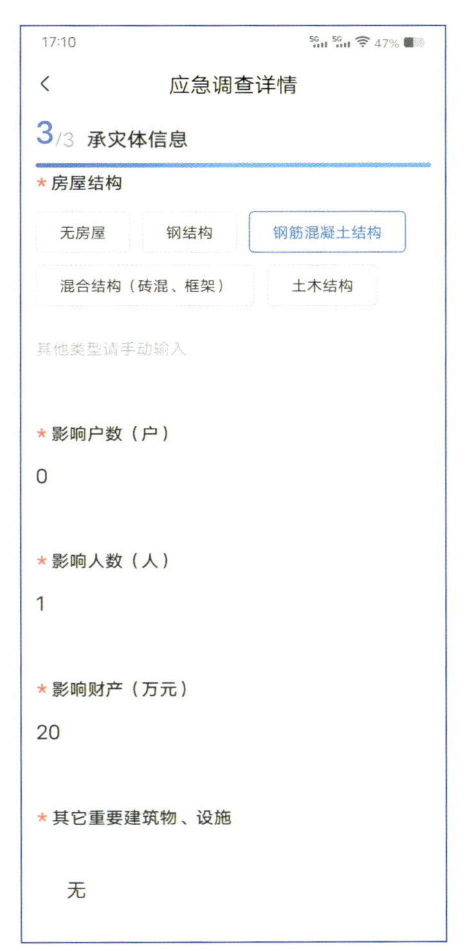

图22　应急调查详情-承灾体信息